KB236695

전국 목욕탕 탐방

전국 목욕탕 탐방

일러두기

이 책에 표기된 목욕탕의 이름은 네이버지도에 등록된 명칭을 기준으로 하였다.
실제 간판에 적힌 이름과 목욕탕 영업허가증의 이름이 다른 경우가 종종 있는데,
독자가 찾아가기 쉽도록 지도상의 이름을 사용하였다.

전국 목욕탕 탐방

김성진 지음

나 홀로 탐방을 시작하며

어릴 적부터 목욕탕에 가는 것이 좋았다. 어느새 그것은 습관이 되었고, 나이가 들어서도 주말이면 어김없이 목욕탕을 찾았다. 단골 목욕탕이 주는 익숙함과 편안함이 좋아 늘 집 근처 목욕탕만 다니곤 했다. 그러다 여행지나 출장지에서 우연히 들른 목욕탕들이 저마다 다른 개성을 지니고 있다는 사실을 알게 되었다. 건물의 외관, 욕조의 구조와 배치, 굴뚝의 형태 등에 관심을 가지고 주의 깊게 보자 목욕탕들이 어느새 나에게 저마다의 이야기를 들려주기 시작했다.

공간에 머무는 방식, 그 공간을 보는 시선에 따라 경험의 깊이는 달라진다. '아는 만큼 보인다'는 말처럼 조금의 지식과 관심만으로도 목욕탕이라는 공간은 전혀 다르게 다가온다. 오래된 욕조와 타일, 세월의 흔적이 남은 벽에는 주인과 단골손님들이 남긴 수많은 이야기가 깃들어 있다. 오래도록 그 공간에 숨어 있다가 나에게 다가왔던 수많은 이야기를 혼자만 간직하기에는 아까워 사진들과 함께 기록을 해 왔다.

동네마다 하나씩 있던 목욕탕은 이제 점점 사라지고 있다. 그러나 여전히 시간의 흐름을 비껴 선 듯 그 시절의 온기를 품은 곳들이 남아 있다. 사진을 찍고 글을 남기는 일이 시간을 멈추게 하지는 못한다. 하지만 그 순간을 기록하고 다른 이들과 나누는 과정이야말로 목욕탕을 다시 살아 있게 하는 힘이라고 믿는다.

그동안 수많은 목욕탕을 다녔고, 그중에서 나에게 의미 있는 이야기를 건넨 곳들을 중심으로 책에 담았다. 나는 그 목욕탕들이 건넨 이야기를 대신 전하는 전달자일 뿐이다. 대화의 상대에 따라 이야기가 달라지듯, 이 책을 읽고 방문한 누군가에게는 또 다른 흥미로운 이야기를 들려줄지도 모른다. 이 책이 잊고 지냈던 동네 목욕탕의 풍경을 다시 떠올리게 하고, 목욕탕의 이야기를 들으러 직접 찾아가 보게 하는 작은 계기가 되었으면 한다.

차례

서울8탕

부산8탕

전라 5탕

경상 9탕

서울 8탕

약수탕

물 좋은 동네, 목욕탕 이름도 '약수탕'

❖ 주소	서울 동작구 양녕로26길 16
❖ 전화	0507-1468-3970
❖ 정기 휴일	매주 화요일
❖ 목욕비	9,000원

목욕탕에서 가장 중요한 것은 단연 물이다. 물이 좋아야 손님들이 다시 찾고, 자연스레 단골도 생긴다. 그래서 예전부터 목욕탕들은 자기네 물이 얼마나 좋은지 알리는 데 공을 들였다. 아예 목욕탕 이름에 물이 좋다는 뜻을 담아 약수탕이라 짓는 경우도 많았다. 전국에 '약수탕'이라는 이름을 가진 목욕탕이 유난히 많은 것도 그런 이유다.

　서울 동작구 상도동에 자리한 약수탕도 이름에 동네의 사연이 담겨 있다. 이 일대는 오래 전부터 약수터로 유명했고, 물맛이 좋기로 소문난 곳이다. 지금도 거리 곳곳에

는 약수맨션, 약수한의원, 약수태평양약국 같은 이름의 간판이 여럿 눈에 띈다. 그러니 이곳에 세워진 목욕탕이 약수탕이라는 이름을 갖게 된 건 어쩌면 자연스러운 일이었을 것이다. 워낙 물이 좋다고 소문나 새벽마다 택시 기사님들이 즐겨 찾던 때도 있었다고 한다. 지금도 지하

수를 수돗물과 섞어 사용하며 수질 검사를 꼼꼼히 해 깨끗
한 물을 유지하고 있다.

50년이 넘는 세월,
2대에 걸쳐 지켜 온 목욕탕

약수탕은 상도동에서 영업을 시작한 지 50년이 넘었다. 초
대 사장님이 일반 주택을 허물고 목욕탕을 지었고, 이후
같은 집안에서 2대째 가업을 이어 오고 있다. 지금의 사장
님은 어릴 적부터 이 건물에서 살며 자랐고, 지금은 집이
자 직장인 이곳에서 목욕탕을 운영 중이다.

지금의 건물은 1990년대 말에 리모델링을 크게 했다. 당
시만 해도 목욕탕 영업이 잘 되던 때라 벽화도 그리고, 탈
의실과 욕실 사이에는 그림이 새겨진 에칭 유리를 넣는 등
내부 인테리어에도 상당한 공을 들였다.

외부에서 보면 목욕탕 굴뚝이 인상적이다. 낮은 사각 굴
뚝의 네 면에는 작은 타일을 이어 붙여 만든 목욕탕 마크
와 약수탕이라는 글자가 새겨져 있다. 해상도 낮은 사진을
확대한 것처럼 글자는 조금 깨어져 보이지만 그마저도 정
감 있고 아날로그적인 감성을 자아낸다.

약수탕 욕실 내부의 모습. 앞쪽에 사각형의 바가지탕이 보인다.

약수탕의 큰 형님,
표통과 입욕권

약수탕은 지금도 입욕권과 표통을 사용한다. 1층 카운터에서 받아 든 입욕권을 들고 탈의실에 들어서면 나무 평상 위에 놓인 표통이 입욕권을 달라는 듯이 떡하니 자리잡고 있다.

건물보다 더 오래된 연식의 표통과 입욕권

이 입욕권은 40년도 더 전에 인쇄된 것이다. 당시에는 소량 인쇄가 어려워 평생 쓸 만큼 한꺼번에 만들어야 했다. 그래서 초대 사장님이 대량 인쇄해 둔 입욕권을 지금의 2대 사장님이 그대로 쓰고 있다. 표통과 입욕권 모두 목욕탕 건물보다 더 오래된 물건으로, 큰 형님 역할을 하며 약수탕을 지키고 있다.

북극곰과 돌고래가 있는
냉탕 벽화

냉탕의 벽화는 인근 미대생에게 의뢰하여 그린 것이다. 2대 사장님이 목욕탕 분위기에 어울릴 만한 사진을 고르고, 그것을 토대로 작업을 진행했다. 그렇게 하여 남탕에는 북극곰이 어슬렁거리는 빙하와 설경이, 여탕에는 물 위로 점프하는 돌고래가 그려진 타일 벽화가 탄생했다.

학생이 아르바이트로 작업한 그림이라 붓 터치나 표현력이 조금 아쉽지만, 흔히 보는 벽화와는 다른 신선한 소재 덕분에 오히려 눈길을 끈다. 재미있는 것은, 서울 영등포구 여의도에 있는 시범사우나에 이 약수탕 벽화와 쌍둥이처럼 닮은 그림이 있다. 색감이나 배경이 되는 얼음산의

남탕에 그려진 벽화 속의 북극곰

원근감은 조금 다르지만, 똑같은 사진을 바탕으로 그렸다고 해도 어색하지 않을 만큼 비슷하다.

냉탕에는 여전히 지하수를 그대로 사용한다. 1년 내내 18~20도를 유지하는 물에 몸을 담그고 벽면의 북극곰을 바라보고 있노라면 뼛속까지 시원해진다. 여름철이면 피서 삼아 찾고 싶어지는 공간이다.

약수탕의 에칭 유리

남탕에 그려진 북극곰 벽화 전경

여탕의 돌고래 벽화

여의도 시범사우나에 있는 쌍둥이 벽화

제일목욕탕

작은 공간에 가득한 동네의 온기

❖ **주소**   서울 마포구 신촌로28가길 33

❖ **전화**   02-3630-3676

❖ **정기 휴일**   매주 화, 목요일

❖ **목욕비**   8,000원

제일목욕탕은 신문 기사에도 몇 차례 소개된 바 있고, 주인장이 블로그에 건물 인수부터 공사 과정까지 상세히 기록해 두어 왠지 모를 친근함이 느껴지던 곳이다. 그렇게 온라인으로 익숙해진 목욕탕이지만, 막상 아현시장 아케이드를 지나 실제 건물을 마주하자 가슴이 설렘으로 두근거렸다. '목욕합니다'라는 문구가 적힌 작은 입간판, 낡은 목욕탕 출입구를 사진에 담고 조심스레 문을 열었다.

작지만 갖출 건 다 갖춘
욕실

문을 열자마자 설렘은 당혹감으로 바뀌었다. 카운터 공간이 거의 없다시피 해 입구에 들어서자마자 남탕과 여탕으로 나뉘는 문이 바로 눈앞에 들어왔다. 그리고 이 당혹감은 곧 놀람으로 이어졌다. 탈의실이 놀랄 만큼 작았다. 한국은 물론 일본에서 다녀 본 목욕탕 중에서도 가장 작게 느껴졌다. 그 작은 탈의실 한 켠에 이발용 의자도 놓여 있었다.

옷을 벗으며 욕실을 보니 역시 작다. 하지만 온탕, 냉탕, 사우나, 그리고 세신용 침대까지 기본적인 구성은 모두 갖

대여합니다

추고 있다. 입식 샤워기는 4~5개, 사용할 수 있는 좌식 샤워기도 비슷한 수로 배치되어 있다. 공간은 작지만 기능은 충실하다.

탈의실에서
막걸리를

탈의실을 둘러보는 중 의자에 앉아 쉬던 한 욕객이 막 욕실에서 나온 이에게 막걸리 한잔을 권하는 모습을 보았다. 목욕탕에서 술이라니. 두 번째 놀람이었다.

일본 목욕탕 휴게실에는 맥주 자판기가 있어 목욕 후 한잔하는 문화가 익숙하고 나도 한 캔씩 마시곤 했지만, 한국에서는 그런 곳이 없으니 목욕탕 휴게실에서 술을 마시는 것은 익숙하지 않다. 그런데 여기서는 자연스러운 일상처럼 보였다.

일요일 오후, 사우나에서 땀을 뺀 뒤 지인들과 나누는 막걸리 한 잔, 정말 맛있을 것 같다. 욕실에 있던 이들에게 얼른 안 나오면 남는 게 없다고 소리도 지르신다. 한 병을 너덧 명이 나누어 마시고, 이후 진짜 술자리를 위한 약속도 잡는 듯했다. 이곳은 단순한 목욕 공간이 아니라 동네 사람들의 사랑방 역할을 톡톡히 하고 있다.

제일 바쁜 세신사 겸
이발사

처음엔 장식용이라 여겼던 이발용 의자는 실제로는 쉴 새 없이 손님들이 앉는 현역이었다. 이발사는 내가 욕실에 들어설 때 세신을 하고 계신 분이었다. 세신을 끝내자마자 손님의 이발과 염색을 하셨다. 그날 남탕에 있던 손님들 대부분이 이발 손님이었다. 작고 오래된 목욕탕에 이발 손님이 이렇게나 많다니. 예상 밖이었다. 염색과 커트는 각각 7천 원으로 아주 저렴한 편인데, 손님들이 끊이지 않는 이유인 것 같다. 막걸리를 권하던 분도 사실은 염색이 드는 시간을 기다리고 있었다.

백발에 왜소한 체구의 이분은 세신, 이발, 염색에 기계실 관리까지 도맡는 듯했다. 제일목욕탕에서 가장 바쁘고 중요한 존재처럼 보였다.

여전히 현역으로 바쁘게 움직이는 이발소의 요금표

스르륵 눈이 감기는
온탕의 아늑함

욕실에서 나가기 전에 마지막으로 온탕에 몸을 담갔다. 욕조 내부는 관리가 잘 되어 있었고, 바닥도 미끄럽지 않았다. 다만, 많은 손님이 다녀간 탓인지 수면에 부유물이 조금 떠 있었다.

옛날 어르신들이 하던 방식을 따라 바가지로 물을 휘저어 부유물을 욕조 밖으로 흘려보내 보았다. 생각보다 어려웠고 물살에 중심을 잃기도 했지만 몇 차례 반복하자 욕조 물이 한결 맑아졌다. 그 시절 어르신들이 왜 이런 동작을 반복했는지 이해할 수 있었다.

벽 쪽에 머리를 붙이고 있는데 눈이 스르륵 감긴다. 탈의실에서 들려오는 어르신들의 대화, 물 흐르는 소리, 물방울이 떨어지는 소리들이 잔잔한 자장가처럼 들려왔다. 크지는 않지만 아늑함과 포근함을 주는 목욕탕이다.

탈의실을 따뜻하게 데우는 석유 난로가 정겹다.

성수탕

서울미래유산인 동네 목욕탕

❖ **주소**	서울 성동구 성덕정19길 11	
❖ **전화**	02-462-8561	
❖ **정기 휴일**	없음	
❖ **목욕비**	9,000원	

힙한 동네로 주목받고 있는 서울 성동구 성수동에는 '서울
미래유산'으로 지정된 오래된 목욕탕이 하나 있다. 서울미
래유산은 서울의 역사와 일상을 미래 세대에 전하기 위해
가치가 있는 자산을 발굴하여 보전하는 서울시의 프로젝
트다. 성수탕 역시 오랜 시간 지역 주민의 삶에 스며들며
시간을 쌓아 온 그 가치를 인정받아 서울미래유산으로 선
정되었다.

남
탕
당기세요
PULL

과거의 낡은 것들과 새로운 것들이 조화롭게 어우러진 성수동의 독특한 분위기 속에서 조용히 시간을 품고 있는 오래된 동네 목욕탕. 이 사실만으로도 성수탕을 찾아가 볼 이유는 충분하다.

세월의 흔적,
그러나 살아 있는 공간

성수탕은 1967년 준공되었으며 그해 '성수목욕탕'이라는 이름으로 문을 열었다. 지하 1층, 지상 3층의 건물로, 1층에는 남탕과 여탕이 나란히 있다. 원래 2층은 여관이었지만 지금은 주거 시설로 용도가 변경되어 사용되고 있다. 1988년 2대 운영주가 인수한 뒤 현재는 아들이 대를 이어 목욕탕을 운영하고 있다.

목욕탕 입구 위 유리창에는 짙은 녹색 시트지로 '성수탕'이라고 쓰어 있는데, 세월 탓에 글씨가 쭈글쭈글해진 모습을 통해 오랜 세월의 흔적을 엿볼 수 있다. 그 아래 벽면에는 서울미래유산 지정 현판이 붙어 있다. 오래되어 군데군데 칠이 벗겨진 모습이 이 지역의 분위기 속에 자연스레 녹아든 듯하다.

욕실 중앙의
바가지탕과 추억

지은 지 60년이 되어 가는 목욕탕이지만 욕실 내부는 최근까지도 타일 교체와 방수 공사를 꾸준히 해 깔끔한 편이다. 욕실에서 무엇보다 가장 눈길을 끄는 것은 욕실 정중앙에 길게 놓인 바가지탕이다. 욕조 주위로 앉을 수 있는 넓은 디딤대가 있으며, 가장자리는 스테인리스 테두리로 마감되어 있어 깔끔하면서도 독특한 분위기를 자아낸다.

그 분위기에 이끌려 바가지탕 디딤대에 앉아 오랜만에 때를 밀어 보았다. '아, 예전에는 이런 곳에 앉아서 때를 밀고는 바가지탕에서 미지근한 물을 퍼서 끼얹으며 몸을 씻었었지' 하고 자연스레 오래전 기억이 떠오른다. 목욕탕 구조는 냉탕과 온탕 단 두 개만 있는 오래된 방식 그대로다. 대형 찜질방처럼 화려하진 않지만, 오히려 그 단출함이 오래된 목욕탕 특유의 정취를 잘 보여 준다. 아련한 옛날이 생각나는 그런 목욕탕이다.

단출한 정취의 남탕 전경

어서오세요

여
탕

어 서 오 세 요

커튼을 젖히면 곧바로 조촐한 탈의실이 나온다.

서림탕

서울

잘록하게 잘려 목욕탕 글자만 남은 굴뚝

❖ 주소 서울 성북구 보국문로 151

❖ 전화 02-914-3852

❖ 정기 휴일 매주 화요일

❖ 목욕비 7,500원

골목길에 줄지어 널려 있는 수건들

세계에서 가장 번화한 도시 가운데 하나로 꼽히는 서울이
지만 여전히 세월의 흐름을 비껴간 듯한 오래된 동네들이
곳곳에 남아 있다. 북한산 자락에 자리한 정릉도 그런 곳
이다. 서울 시내로 향하는 버스가 오가는 보국문로에서 정
릉천 방향으로 난 작은 계단을 따라 내려가면 시간의 틈에
머물러 있는 듯한 목욕탕, 서림탕의 입구가 나타난다. 계

저 멀리 목욕탕이라고 써진 굴뚝이 보인다.

단 아래 골목 양쪽 벽에는 긴 빨랫줄이 걸려 있고, 햇볕에 잘 마른 주황색 수건들이 줄지어 널려 있다. 그 풍경이 가장 먼저 눈길을 잡아끈다.

목욕탕 글자만 남은 굴뚝

골목을 따라 정릉천 쪽으로 걸어가며 멀리서 목욕탕 외관을 바라보면 잘록한 벽돌 굴뚝이 보인다. 굴뚝에 '서림'이라는 이름은 없고 '목욕탕'이라는 글자만 남아 있다. 주인장의 말에 따르면 안전 문제로 이름이 새겨져 있던 굴뚝의 윗부분을 잘라냈다고 한다. 옥상에는 거대한 태양열 패널이 설치되어 있어 오래된 건물 위로 얹힌 현대식 설비가 묘한 대비를 이룬다.

서림탕은 1969년에 지어졌다. 서울에서도 손꼽히는 오래된 목욕탕 가운데 하나다. 현재의 주인장이 1999년부터 운영했으니 이 자리에서만 반세기 넘게 목욕탕으로 기능해 온 셈이다. 한때 사용되던 오래된 옷장은 리모델링 과정에서 따로 보관했다가 국립민속박물관 야외 전시장에 조성된 동네 목욕탕 공간(장수탕)에 기증했다.

탈의실 전경

서림탕 욕실 내부의 모습

카운터 내부는 오랜 시간이 느껴진다.

목욕탕 역사의
산증인

충남 공주가 고향인 주인장은 어린 시절 상경해 작은아버지가 운영하던 목욕탕에서 6년간 일을 배웠다. 이후 수도권 이곳저곳에서 세를 얻어 목욕탕을 운영하다가 매입해서 현재까지 운영하고 있는 곳이 서림탕이다. 목욕탕에서 잔뼈가 굵은 그는 목욕탕의 보일러, 사우나 기계 수리는

전국 목욕탕 탐방

국립민속박물관의 장수탕 공간에 기증된 예전 옷장

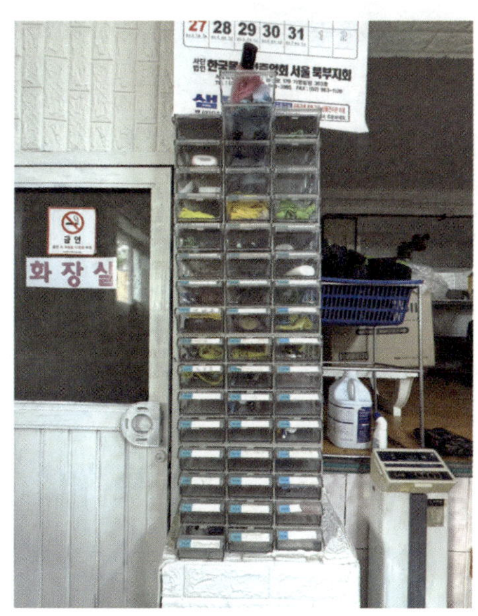

물론, 서림탕 욕조에 옥돌을 붙이는 일, 미끄럽지 않도록 욕실 바닥을 그라인더로 갈아 내는 일까지 모두 직접 했다. 경험이 풍부하다 보니 폐업한 목욕탕 철거 공사를 맡아 하거나 목욕탕 건물을 알음알음 소개하는 등 다양한 일을 해 왔다.

그가 들려준 목욕탕에 관한 여러 이야기 가운데 가장 인상적이던 것은 젊은 시절 일했던, 오래전 없어진 서울 마포구 서강탕에서의 일이다. 서강탕은 일제 강점기 때부터 운영한 목욕탕이었는지 남탕과 여탕 사이의 벽이 천장까지 닿지 않는 일본 대중목욕탕의 구조를 갖고 있었다고 한다. 그런데 어느 날, 남탕에 아무도 없는 것을 확인한 고등학생이 벽 너머 여탕을 엿보려고 벽에 설치된 샤워기에 매달렸다가 샤워기가 부러지면서 떨어져 다치는 사건이 있었다는 것이다. 요즘이라면 뉴스에 날 일이지만 옛날이라 그냥 넘어간 모양이다. 목욕탕 업계에서 50년 넘게 일해 온 사람만이 들려줄 수 있는 이야기였다.

목욕탕
서림
목욕탕
후문
스터디카페
탕
목욕합니다
쓰레기
버리지 마세요.
CCTV 작동중

오목탕

서 울

영화와 드라마 촬영지로 친숙한 곳

❖ **주소**	서울 성북구 고려대로7길 24	
❖ **전화**	02-926-5593	
❖ **정기 휴일**	매주 수요일	
❖ **목욕비**	9,000원	

드라마 《펜트하우스》, 《별들에게 물어봐》, 영화 《조폭 마누라 2》, 그리고 이승훈의 노래 〈BROTHER & SISTER〉 뮤직비디오.

걸보기에 아무런 관련이 없어 보이지만 이 작품들에는 한 가지 공통점이 있다. 모두 오목탕을 촬영지로 삼았다는 점이다. 오목탕은 영화와 드라마 촬영지로 자주 이용될 뿐 아니라 목욕탕 관련 뉴스에도 종종 등장하는 서울의 오래

목욕탕
목욕탕

된 동네 목욕탕이다. 1971년 무렵 문을 열었고, 현재 주인은 2002년에 인수해 지금까지 카운터를 지켜 오고 있다.

성북천을 따라 걷다 보면 '목욕탕'이라는 세 글자가 새겨진 붉은 벽돌 굴뚝이 눈에 들어온다. 작은 교차로에 자리한 건물은 규모가 제법 크며, 입구는 모서리를 비스듬히 잘라 낸 부분에 나 있다. 그래서 멀리서도 출입구가 잘 보이고 목욕탕의 존재감이 드러나 보인다. 입구 옆에는 빨간 목욕탕 마크가 붙어 있고, 그 아래 '목욕합니다'라고 적힌 입간판에는 '수도물 100%를 사용합니다'라는 문구가 덧붙어 있다.

욕실에 들어서면 가장 먼저 긴 바가지탕이 눈에 들어온다. 그 오른쪽 바로 옆에는 세신용 침대가 놓여 있다. 세신실이 욕실의 중앙을 차지하고 있는 모습은 흔히 볼 수 없는 배치다. 보통 세신실은 욕실 한쪽 구석에 자리하는 경우가 많기 때문이다. 바가지탕은 폭이 바가지 하나 들어갈 정도로 좁아 30센티미터 남짓해 보인다. 대신 길이는 3미터가 훌쩍 넘어 꽤 길게 뻗어 있다. 예전에는 때를 밀고 바가지로 퍼서 몸을 씻어 내던 용도로 쓰였지만 지금은 세신사들이 전용으로 사용하는 듯하다.

세신용 침대 옆에는 칸막이가 서 있고, 그 뒤편으로는 평상이 놓여 있다. 철제 프레임에 장판을 덮어 만든 것으로, 재질만 다를 뿐 옛날에 동네 골목에서 어르신들이 바둑이나 장기를 두던 평상과 다르지 않다. 사우나를 마치고 잠시 걸터앉아 보았다. 평상에 앉아 욕실 구석구석을 둘러보니 세월의 흔적은 남아 있지만 전체적으로는 잘 관리되고 있는 목욕탕이라는 인상을 받았다.

작은 열탕에 몸을 담그고 있으니 따뜻한 기운이 온몸을 감싸 안는 듯 포근함이 전해졌다. 물이 피부를 부드럽게 감싸는 느낌이 들었다. 그런데 문득 입구에서 본 '수도물 100%'라는 문구가 떠올랐다. 수돗물인데 어떻게 이런 기분 좋은 온기가 만들어지는 걸까. 아까 본 빨간 굴뚝 때문일까, 나무를 태워 데우는 걸까? 이런저런 상상을 하며 한참 동안 그 포근함에 몸을 맡겼다.

목욕을 마치고 나오면서 결국 카운터에 계시는 주인장에게 직접 물어보았다. 혹시 나무로 데우는 거냐고. 돌아온 대답은 의외로 간단했다. "그냥 보일러예요."

려대로7길
yeodae-ro 7-gil
24
비상급수시설
Emergency Water Supply Facility
12,119 신고 시 내 위치는
성북구 고려대로7길 24번
비상급수시설"입니다.

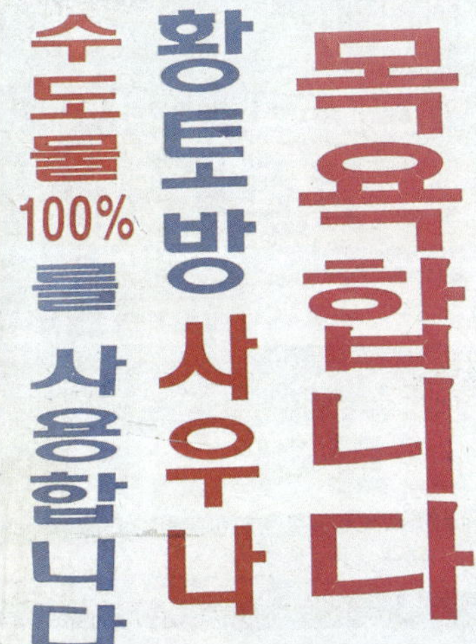

목욕합니다
황토방사우나
수도물 100% 를 사용합니다
영업시간
시까지영업합니다

명진목욕탕

온탕을 품은 이색적인 타일 벽화

❖ **주소**   서울 은평구 통일로69길 29

❖ **전화**   02-353-4549

❖ **정기 휴일**   매주 수요일

❖ **목욕비**   10,000원

서울지하철 3호선과 6호선이 지나는 불광역과 연신내역 사이에 위치한 은평구 대조동은 원룸과 연립 주택이 밀집한 지역이다. 서울 도심과의 교통 접근성이 좋고 서울의 다른 지역에 비해 주거비가 비교적 저렴해 지방 출신 직장인들이 많이 거주하는 동네다. 아파트 개발로 주민들이 떠나기 전인 2010년대만 해도 대조동 인구는 3만 명이 넘었고, 동네 곳곳에 목욕탕이 여러 곳 있었다.

하지만 목욕과 사우나 시설을 무료로 제공하는 피트니스 센터가 늘어나기 시작하고, 목욕탕 문화에 익숙하지 않은 세대가 자라면서 기존의 목욕탕은 점차 설 자리를 잃었다. 2010년 은광탕을 시작으로 2011년에 삼광탕이 문을 닫았고 2020년에는 아파트 단지에 편입된 동명목욕탕이 영업을 종료했다. 지금은 동명탕이라는 이름만 마을버스 정류장 이름으로 남아 있다.

대조동에 남은
마지막 대중목욕탕

이런 변화 속에서도 명진목욕탕은 대조동에 남은 마지막 대중목욕탕으로 지금도 영업 중이다. 1990년에 문을 열었고, 2002년 지금의 주인이 인수해 현재까지 운영하고 있다. 인수 당시만 해도 목욕탕은 여전히 수익성이 좋은 업종이었고, 명진목욕탕은 대조동 일대에서 가장 규모가 크고 시설도 최신식이었다. 인수하고 한동안은 때를 밀러 오는 사람이 너무 많아 세신사가 끼니를 걸러야 했을 정도로 영업이 잘되었다고 한다.

그러다가 목욕탕 바로 앞 동네가 아파트 부지가 되면

욕실 내부의 전경

서 모두 헐렸다. 그리고 지금은 2,500여 세대 규모의 대단지 아파트 공사가 진행 중이다. 아파트 입주는 2026년으로 예정되어 있는데, 아파트 단지 내에는 사우나 시설을 갖춘 피트니스 센터도 들어설 계획이다. 코로나 위기를 넘은 명진목욕탕에 이 아파트 신축 공사는 또 다른 위협으로 다가오고 있다. 그러나 아이러니하게도 명진목욕탕 1층은 현재 공사 현장 인부들에게 식사를 제공하는 함바식당으로 운영되고 있다.

명진목욕탕 건물은 5층 규모로, 지하 1층에 여탕이, 2층과 3층에 남탕이 위치한다. 5층에는 목욕탕 주인이 거주한

　　　　　　　　　　　　　　　　　　　　전국 목욕탕 탐방

다. 1층 카운터에서 입욕권을 받고 2층으로 올라가면 넓은 탈의실이 나온다. 황갈색 합판 옷장이 줄지어 서 있고, 중간에는 나무 평상이 놓여 있다. 3층으로 오르는 계단 끝 벽에는 세신사를 부르는 오래된 벨이 달려 있다.

온탕을 품은
이색적인 타일 벽화

목욕탕 벽면을 장식하는 타일 벽화는 주로 냉탕 쪽에 많이 배치된다. 그중에서도 폭포 그림은 가장 흔한 소재로, 차가운 냉탕에 앉아 바라보면 마치 시원한 폭포수에 몸을 적시는 듯한 기분을 느낄 수 있도록 종종 선택된다. 그러나 명진목욕탕의 타일 벽화는 이런 통상적인 벽화와 다르다. 폭포 대신 울창한 숲속 계곡, 그리고 두 마리의 사슴이 등장하는 그림이 냉탕이 아닌 온탕 벽면에 그려져 있어 더 색다르게 다가온다. 짙은 녹음이 우거진 나무들 사이로 은은한 햇빛이 스며들고, 잔잔한 계곡물이 흐르는 모습이 잘 묘사되어 있다. 단순한 풍경 묘사에 머물지 않고 물가에 선 사슴 두 마리를 그림으로써 생동감을 더한다. 많은 목욕탕 벽화를 보았지만 이곳 벽화는 특히 잘 그려진 작품이

다. 온탕에 몸을 담근 이도 물가의 사슴처럼 자연 속에서 편안함을 느낄 수 있을 듯하다.

명진목욕탕의 맞은편에 들어서는 아파트의 입주가 시작되면 대조동 유일의 대중목욕탕인 명진목욕탕 역시 역사의 뒤안길로 사라질 가능성이 크다. 이런 멋진 벽화를 품은 목욕탕이 사라진다고 생각하니 너무나 큰 아쉬움이 남는다. 그래서 하염없이 벽화 그림을 바라보며 욕실에서 오래도록 시간을 보냈다.

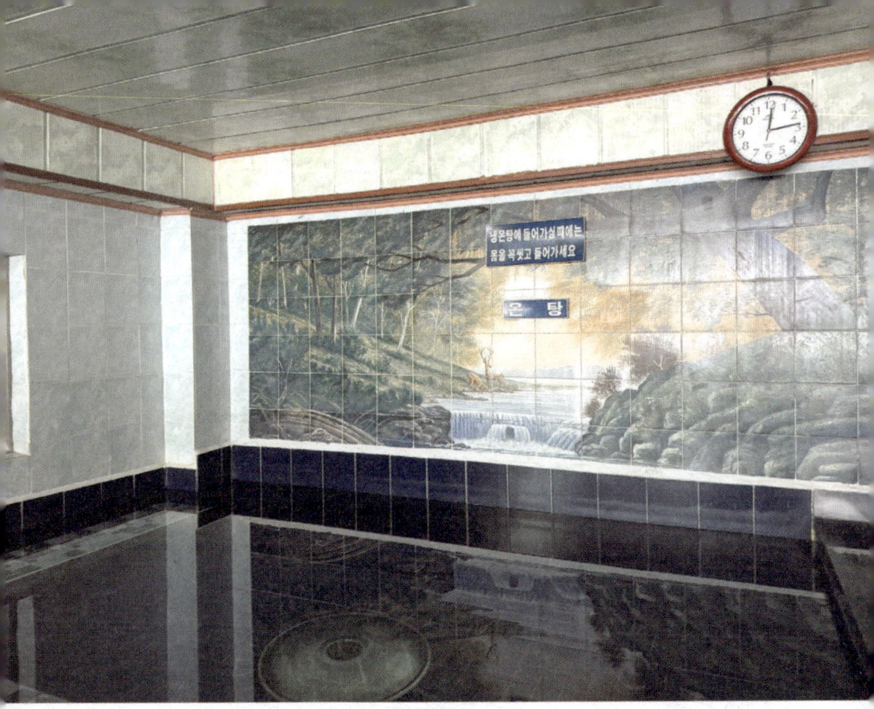
냉온탕에 들어가실때에는
몸을 꼭 씻고 들어가세요
온 탕

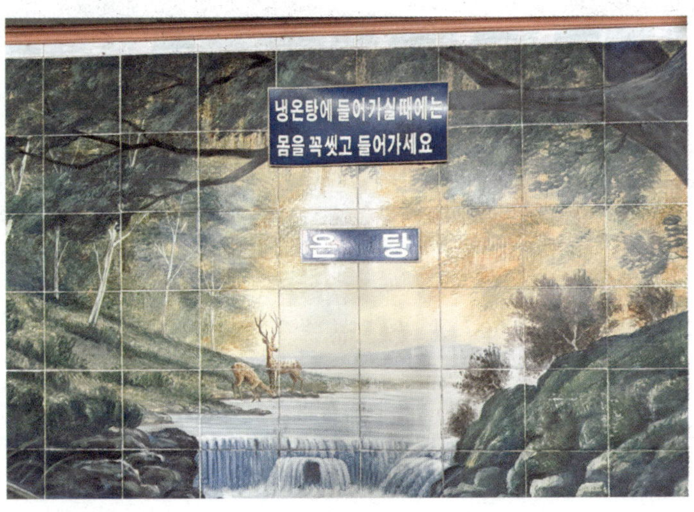

냉온탕에 들어가실때에는
몸을 꼭 씻고 들어가세요
온 탕

매일온천

도심 속 블루칼라들의 오아시스

❖ **주소**	서울특별시 중구 을지로16길 5-10
❖ **전화**	02-2279-7517
❖ **정기 휴일**	매주 일요일
❖ **목욕비**	11,000원

명동과 동대문 사이에 있는 을지로 일대는 인쇄, 조명 기구, 공구, 금속 부품 등을 취급하고 다루는 상가와 작은 공장들이 밀집해 있다. 도심의 작은 공단이라 할 만한 이곳에 대중목욕탕이 있다.

1986년에 문을 연 매일온천은 단순하게 몸을 씻는 공간을 넘어 주위의 공장과 상가에서 일하는 이들에게 휴게소이자 사교 장소로써도 그 역할을 톡톡히 하는 곳이다. 또한 주위에서 일하는 분들뿐만 아니라 업무차 을지로 일대에 들르는 지역 상공인에게도 휴식과 정보 수집 장소로 이용되고 있다. 자연스럽게 매일온천은 을지로의 생활 문화와 맞닿아 있다.

상공인의 일과에 따른
영업 시간

인근의 상공인들이 많이 이용하는 곳이므로 이 목욕탕의
영업 시간과 붐비는 시간은 그들의 일과 시간과 연동되어
있다. 다른 대중목욕탕과는 달리 일요일이 정기 휴일인 것
도 가게나 공장이 쉬는 날이기 때문이다. 손님이 가장 많
은 시간대는 아침 이른 시간과 오후 3시 이후, 그리고 퇴근
시간대다.

전국 목욕탕 탐방

　이곳에 들러 씻은 뒤 출근하고, 하루 종일 쌓인 기계 쇳가루, 먼지와 땀을 씻은 뒤 집으로 돌아가는 이로 아침 이른 시간과 퇴근 시간대에 손님이 많은 것은 이해가 간다. 오후 3시 이후에 손님이 많은 것은 왜일까? 비교적 가게를 찾는 손님이 적은 오후 시간대에 종업원에게 가게를 맡기고 들르는 사장님들이 많기 때문이라고 한다. 또한 지방에서 일을 보러 왔다가 잠시 짬이 난 사이 이곳에 들러 쉬거나 눈을 붙이는 이도 많다고 한다.

요 금 표

남	11,000원
여	11,000원
어린이	8,000원

(5세 미만)

목욕용품

면도기 (3중날)	1,000원
칫 솔	1,000원
샴 푸	500원
린 스	500원
폼클렌징 / 바디워시	500원
송월타월	1,000원
각질 클리너 (발)	5,000원

전성기의 흔적이
남아 있는 내부

매일온천이 있는 골목에 들어서면 유달리 큰, 이 동네와 어울리지 않게 빨간 벽돌로 외벽을 장식한 건물이 눈에 띈다. 옥상에는 헬스, 목욕탕이라고 쓰인 대형 간판이 걸려 있고, 주출입구의 위쪽에는 특이하게도 매일온천에서 온자의 ㅇ이 있어야 할 자리에 목욕탕 마크를 붙인 글자 간판이 달려 있다.

여탕은 지하에, 남탕은 2층과 3층에 나뉘어 있다. 2층은 탈의실, 3층은 욕실이다. 욕실은 층고가 낮고 사각기둥이 여러 개 서 있어 다소 답답한 느낌을 준다. 그 기둥에는 입식 샤워기가 사방으로 달려 있는데, 벽면에 샤워기가 충분히 설치되어 있음에도 기둥까지 활용한 것을 보면 전성기에는 손님이 매우 많았음을 짐작할 수 있다.

좌식 샤워기가 있는 벽면은 건물 외부에서 보듯 약간 경사가 져 있다. 그 벽에는 국화를 그린 듯한 꽃무늬 타일이 띠처럼 한 줄을 형성하여 붙어 있고, 네 장을 사각형으로 배열한 꽃장식 타일이 곳곳에 붙어 있다. 옅은 갈색 바탕에 비슷한 색감으로 그려져 있어 가까이서 보아야 꽃들이 눈에 들어온다. 가장자리가 부서진 벽타일에서는 세월이 묻어나지만 욕조는 비교적 최근에 교체한 듯 깔끔하다.

　냉탕과 열탕이 나란히 붙어 있는데, 열탕은 제법 뜨겁다. 육체노동 뒤에는 역시 뜨거운 물에 몸을 담가야 피로가 풀린다. 열탕과 냉탕을 오가며 몸을 데웠다 식혔다 하기를 반복하니 피로가 풀리면서 목욕의 즐거움이 배가된다. 목욕탕 곳곳에는 오래된 포스터가 붙어 있다. 빛바랜 포스터를 보며 옛날의 모습을 상상하는 것도 이 목욕탕을 즐기는 한 방법일 것 같다.

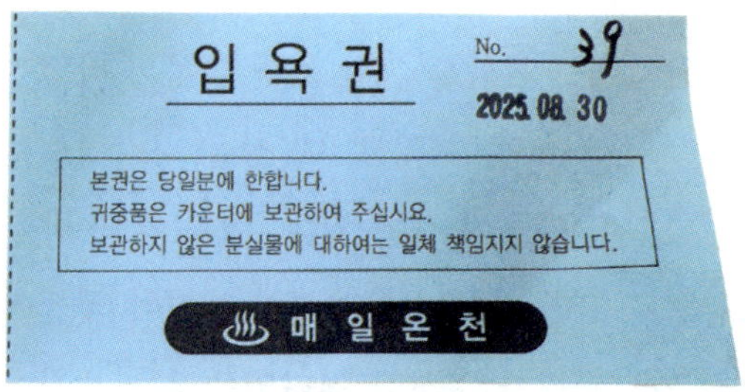

헬스
매
목욕탕
미쓰비시대국전4색
• 카다로그
• 전단지
• 책자
• 쇼핑백·BOX
• 각종고급인쇄
하청전문
독립문 문화사
TEL:2277-4426
FAX:2271-1587
泰昌
한국커피
토스터힘팅
로스팅 훈련집
매얼
온천
헬스
2279-7517

서울의 목욕탕

여전히 현역인 서울의 오래된 목욕탕들

❖ **주소**   서울 강북구 덕릉로8길 6

❖ **전화**   02-983-2890

❖ **정기 휴일**   매주 화요일

❖ **목욕비**   8,000원

❖ **주소**   서울 동대문구 제기로17길 29-3

❖ **정기 휴일**   매주 수요일

❖ **목욕비**   8,000원

삼양탕,
버스 정류장 이름으로 사용되는
동네의 터줏대감

서울 강북구 수유동 화계사 근처에는 '삼양탕'이라는 이름
의 버스 정류장이 있다. 이 동네 터줏대감인 오래된 목욕탕
삼양탕에서 따온 이름이다. 1972년에 문을 연 삼양탕은 지

금까지 동네 주민들에게 사랑받으며 이 동네의 이정표 같
은 역할을 해 왔다. 개업 당시에는 1층이 목욕탕, 2층은 삼
양여관으로 운영되었으나, 지금은 목욕탕만 영업 중이다.

　건물 옥상에는 적갈색 벽돌로 쌓은 굴뚝이 있다. 굴뚝
아래쪽에는 목욕탕 마크와 '삼양탕'이라는 글자가 새겨져
있고, 이 부분은 밑이 살짝 넓은 사다리꼴 형태로 안정감
을 준다. 그 위로는 '여관'이라는 글자가 적힌 곧게 뻗은
사각형 굴뚝이 이어져 있다. 아래와 위의 벽돌 색이 약간
다른 걸로 보아, 굴뚝을 더 높이기 위해 이후 덧쌓은 것으
로 보인다.

여관
삼양탕
여관
신양탕

재개발로 사라질 공간,
홍능탕

오래된 동네 목욕탕이 사라지는 이유는 다양하다. 지방에
서는 인구 감소로 손님이 줄어 문을 닫는 경우가 많고, 대

도시에서는 재개발 구역에 포함돼 어쩔 수 없이 사라지는 경우가 많다. 빌라와 단독 주택이 많은 오래된 동네의 터줏대감 같은 동네 목욕탕도 주변 일대가 재개발되면 이 같은 운명을 피하기는 어렵다. 서울 동대문구 청량리역 일대 정비 사업 구역에 포함된 홍능탕도 그런 곳 중 하나다.

아름드리 은행나무가 줄지어 선 좁은 도로를 따라 낮은 건물들이 늘어서 있는 청량리동 골목에 홍능탕이 있다. 드라마 《응답하라 1988》에 나올 법한 풍경이 아직 남아 있는 동네다. 오래된 목욕탕답게 홍능탕에는 옛 모습이 제법 남아 있는데, 돌출된 반원형의 카운터는 홍능탕에서만 볼 수 있는 명물이다.

빨간 벽돌로 마감된 건물 외벽은 세월이 더해지며 곳곳에 묵은 흔적이 남아 있고, 벽에 적힌 흰색 '홍능탕' 글씨는 색이 바랬다. 그렇지만 녹음 짙은 은행나무 사이로 세월의 흔적을 간직한 붉은색 건물은 더욱 도드라지게 보인다. 눈 오는 날이나 비 내리는 날이면 그 풍경이 더 운치 있게 보일 것 같다.

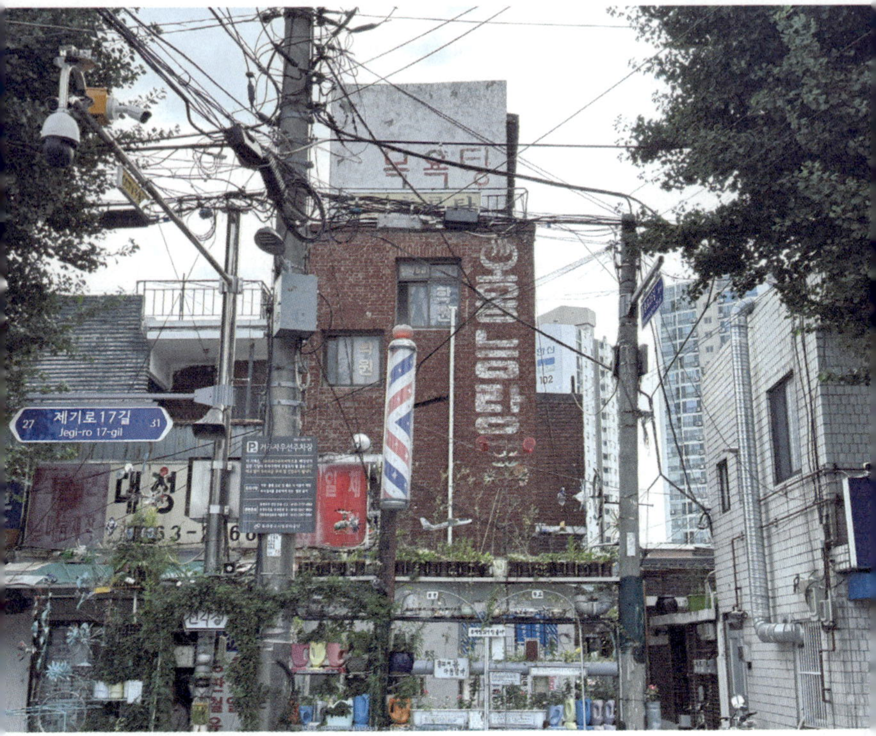

27
제기로17길
Jegi-ro 17-gil
31

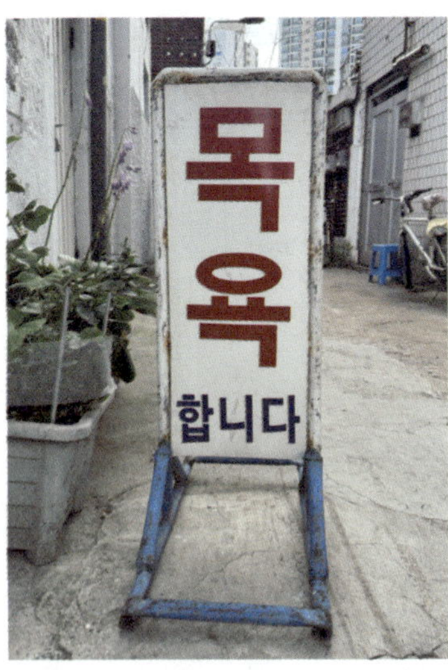

목욕
합니다

그 밖의 다양한
서울의 목욕탕

마포구 서림사우나

금 연
본 건물내의 모든 구역은
금연구역 입니다
쾌적한 환경과 건강을
위하여 협조 바랍니다
목욕탕
입구
지하
서림사우나
입 구 (지하)
소

남 탕
탕

마포구 성산사우나

탕
성산　사우나
LG
203

민 생 회 복
지 원 금
사 용 처

매 표 소

보관

※정기휴일※
9 매월
둘째 (10) 넷째 (24)
수요일
-성산탕-

요금표
일반
매타올 1,000
때드기 1,000

오늘은

목욕
합니다

불가마 사우나
한추
면옥 함흥
SINCE 1996
24시간 영업합니다
24시간 영업합니다
BARBER SHOP
구두
OPEN
since1989

영동포구 시범사우나

부산 8탕

문오성해수탕

해수냉탕에 앉아서 바라보는 바다 풍경

❖ 주소	부산 기장군 일광읍 장곡길 7
❖ 전화	051-727-3505
❖ 정기 휴일	매주 화요일
❖ 목욕비	8,000원

한국수력원자력(주)은 발전소 주변 주민들을 위해 다양한 지원 사업을 한다.
여기엔 목욕탕도 포함되는데, 문오성해수탕도 그렇게 지어졌다.
지역 주민들은 목욕탕을 할인 요금으로 이용할 수 있다.

눈길을 사로잡는
색채의 조화

부산시 기장군 칠암항 인근에 있는 문오성해수탕은 먼저 멋진 외관과 알록달록한 색깔의 간판이 눈길을 사로잡는 곳이다. 이 건물은 바라보는 방향에 따라 아주 다른 얼굴을 지녔다. 한쪽에서는 바다를 항해하는 배처럼 보이기도 하고, 다른 쪽에서는 반듯한 사각 지붕을 얹은 박스형 건

올리브색으로 포인트를 준 탈의실은 들어서는 순간 밝고 청결한 인상을 준다.

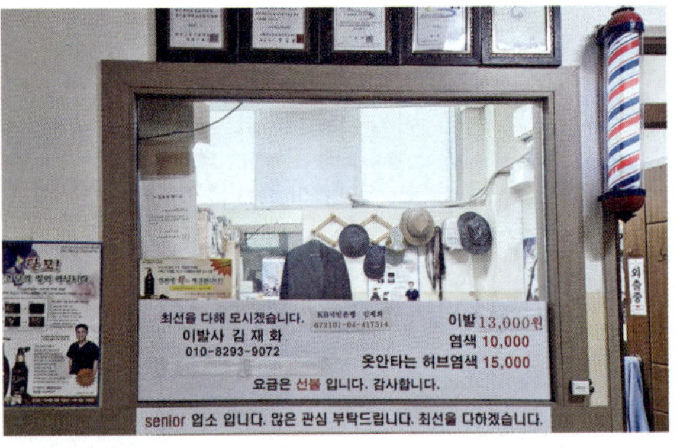

긴 복도의 옆에는 시니어 업소라고 적힌 이발소가 있다.

물처럼 보이기도 한다. 이 대비가 머스터드색, 밤색, 회색으로 치장된 외벽과 어우러져 건물에 독특한 매력을 더한다. 거기에 태양과 바닷물결을 형상화한 그림이 들어간 간판이 생동감을 더해 준다. 문오성해수탕의 세련된 색감은 실내 탈의실에서도 돋보인다. 베이지색과 올리브색 광택이 나는 옷장이 놓인 탈의실은 밝고 화사한 느낌이다.

선명한 노란색과
올리브색 타일이 어우러진 해수 냉탕

문오성해수탕은 건물도 인상적이지만 그중에서도 가장 인상 깊은 공간은 해수 냉탕이다. 움푹 들어간 구조로, 세 면의 벽을 가진 해수 냉탕은 수면 위로 선명한 노란색, 올리브색, 노란색 타일이 차례로 배치되어 있다. 그리고 한쪽 벽면에는 밖의 풍경을 볼 수 있는 높이에, 크지도 작지도 않은 적당한 크기의 유리창이 설치되어 있다. 창으로 들어오는 자연광이 해수 냉탕의 수면에 반사되어 원색의 타일 위로 은은하게 일렁인다. 그 물결치는 빛이 편안하고 아늑한 분위기를 만들어 낸다.

사우나 후 차가운 해수 냉탕에 몸을 담그고 유리창 너머로 펼쳐지는 바다 풍경을 바라보는 시간은 정말 특별하다. 바닷가를 따라 난 작은 길, 그리고 작은 가로수 사이로 느릿느릿 지나가는 차들과 멀리 보이는 바다 풍경이 마치 미니어처 세트처럼 아기자기하고 정겹게 느껴진다. 창밖의 시간 흐름이 몇 배는 느리게 느껴져 마음까지 여유로워진다. 이 해수 냉탕과 창밖 풍경을 보기 위해서라도 자주 찾게 될 것 같은 곳이다.

약수목욕탕

청록색과 적갈색 띠를 두른 목욕탕 굴뚝

❖ 주소	부산 기장군 기장읍 기장대로 504-3
❖ 전화	051-721-3779
❖ 정기 휴일	매주 화요일
❖ 목욕비	8,000원

청록색과 적갈색 띠를 두른 굴뚝은 멀리서도 단번에 시선을 사로잡는다.

아주 깔끔하게 단장한
목욕탕 굴뚝

목욕탕이 오래되었다는 증표 중 하나가 굴뚝이다. 그래서 굴뚝이 있는 목욕탕을 보면 꼭 메모를 해두었다가 기회가 생기면 찾아가 본다. 시간적 여유가 있을 땐 바로 차를 돌리기도 하는데 부산 기장군에 위치한 약수목욕탕도 우연히 굴뚝을 발견하고 곧장 찾아간 곳이다.

요즘 목욕탕들은 대부분 가스보일러나 전기보일러로 교체해 굴뚝은 필요 없는 존재가 되어 버렸다. 그래서 철거하는 경우도 있지만, 철거하는 비용도 만만치 않아 그대로 두는 곳도 많다. 그런데 기장의 이 약수목욕탕은 주인장이 굴뚝을 신경 써 관리했는지 새로 페인트칠을 한 듯 아주 단정했다. 목욕탕 굴뚝에 이름이 정확하게 남아 있는 곳이 거의 없는데, 이곳은 멀리서도 빨간색의 목욕탕 마크와 '약수탕'이라는 세 글자가 또렷하게 보인다. 게다가 목욕탕 굴뚝에서는 좀처럼 보기 힘든 민트색과 갈색을 사용한 것이 인상적이다.

**냉탕 벽면을 꽉 채운
타일 벽화**

이곳은 약수목욕탕이라는 이름에 걸맞게 지하 160미터에서 끌어올린 화강암반 천연 지하수를 사용한다. 이 천연 지하수를 사용한 냉탕에는 벽면을 가득 채운 타일 벽화가 있다. 목욕탕의 타일 벽화는 시원한 물, 냉탕의 청량함을

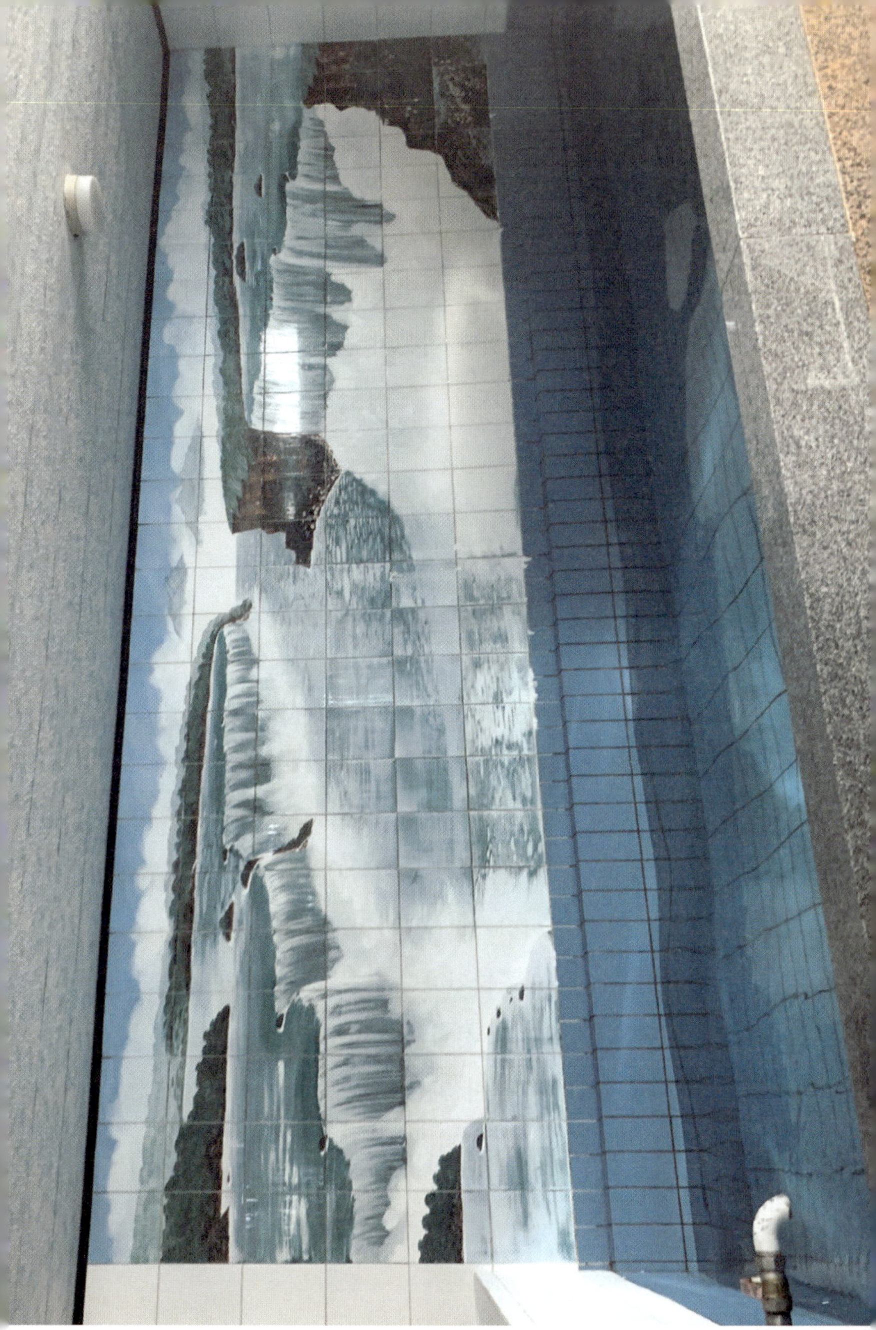

벽면 하나를 꽉 채운 시원한 나이아가라 폭포 타일 벽화

강조하기 위해 폭포 풍경을 그려 넣는 경우가 많은데, 특히 나이아가라 폭포를 그린 곳이 많다. 약수목욕탕도 나이아가라 폭포가 호방하게 그려져 있다. 물 좋고 차가운 냉탕에 앉아 저 풍경을 바라보고 있노라면, 마치 그 거대한 폭포 속에 들어가 있는 듯한 기분이 든다. 그래서 냉탕에 있는 시간이 한결 더 즐겁다.

세월의 흔적이 남아 있는
리모델링

근래에 리노베이션을 했는지 오래된 목욕탕치고는 탈의실과 욕실이 꽤 깔끔했다. 세월의 흔적을 느낄 수 있는 건 남탕과 여탕 입구의 나무 미닫이문, 열탕에 있는 전기탕의 흔적으로 보이는 판넬, 그리고 외관 정도였다. 목욕을 마치고 주인장 어른과 이런저런 이야기를 나눴는데, 이 목욕탕 건물은 1987년에 완공되었다고 한다. 외관과 타일 벽화는 건축 당시 그대로고 내부 시설만 리모델링했다고. 당시 좋은 벽돌과 외장재를 써서 외관은 손볼 곳이 거의 없고, 2층은 한때 여관으로 운영했지만 지금은 영업을 하지 않는다고 한다.

요금 창구 앞에는 코로나의 여파로 체온을 재는 기계가 달려 있었다.

요금 창구 앞에는 코로나의 여파로 체온을 재는 기계가 달려 있었다.

ㅂ시다
국수자원공사
물은 우리들의 생명이며
좋은 물은 건강을 지켜줍니다.
덕발 약수탕은 화강암반 천연약수를 일체의
정수 가공을 하지 않고 자연 그대로 사용합니다
(수질 시험 결과 음료수로서 적합판정 받음)
화장실

가락탕

색동 같은 작은 타일로 알록달록한 욕실

❖ **주소**	부산 사하구 하신번영로380번길 36
❖ **전화**	051-201-4684
❖ **정기 휴일**	매주 화요일
❖ **목욕비**	9,000원

사랑받는
동네 목욕탕 풍경

일요일 새벽 6시가 채 안 된 시각, 습식 사우나실에 앉아 주변을 둘러보니 나를 포함해 15명이 있다. 이미 목욕을 마치고 나간 사람도 두엇 된다. 문을 연 지 한 시간 남짓 됐을 뿐인데 벌써 20명 가까운 손님이 찾은 셈이다.

이 정도면 이 목욕탕이 동네 주민들에게 얼마나 사랑받고 있는지 짐작이 간다. 10여 년 전 리노베이션을 해서 욕

출입구에 들어서면 바로 보이는 신발 보관함

실은 깨끗하게 관리되어 있고, 남탕 쪽에서 일하는 목욕 관리사와 이발사는 단골과 반갑게 인사하고 안부를 묻는다. 문을 열고 들어서는 손님도 욕조에 몸을 담그고 있는 이들에게 자연스레 아는 체를 한다. 인근에서 오래 함께 살아온 이웃들이 이곳에서 일상처럼 만나는 듯하다. 오래된 동네 목욕탕 특유의 정겨움이 그대로 살아 있다.

그리고 단골들이 목욕하는 모습이 예전 모습 그대로라서 더 정겹게 느껴졌다. 욕조의 온도가 낮게 느껴졌는지 뜨거운 물 밸브를 열어 바가지로 물을 휘젓는 아저씨, 자동 등밀이 기계로 등을 밀다 못해 팔과 다리까지 구석구석 때를 미는 아저씨, 사우나실 스토브 위 양동이에 물을 부어 증기를 만들어 온도를 높이는 아저씨까지.

색동옷 같은 타일,
알록달록한 욕탕

욕실에는 바가지탕 두 개, 온탕, 열탕, 냉탕, 그리고 사우나실이 두 개 있다. 바가지탕은 입구 쪽 벽을 따라 약 5미터 길이의 욕조 하나, 그리고 온탕과 입식 샤워기 사이에 놓인 약 3미터 길이의 욕조 하나가 있다. 바닥은 푸른색 계열

이용객들이 편안하도록 오밀조밀 신경 쓴 탈의실

이고, 욕조 벽면에는 엄지손톱만 한 사각형 타일들이 알록달록하게 박혀 있다. 마치 색동옷을 떠올리게 하는 색감이다. 보통 이렇게 작은 타일은 그물망에 붙인 후 벽에 시공하는 경우가 많은데, 줄눈이 없어서 시간이 지나면 잘 떨어진다. 주인장이 손으로 구석구석 만지고 떨어지려는 타일을 고정하는 작업을 부지런히 하신다고 하는데, 그래서인지 이가 빠진 곳이 없다.

전국 목욕탕 탐방

냉탕 벽에는 삼각형, 사각형 타일들을 조합해 배, 산, 물고기 등의 형상을 표현해 놓았다. 타일 벽화라기보다는 타일을 이어 붙인 콜라주에 가까운데 파란색, 노란색, 빨간색 타일을 활용해 바다 풍경을 묘사한 방식이 신선하게 다가온다. 천장에도 재미있는 디테일이 있다. 냉탕 위에는 파란 물방울, 온탕과 열탕 위에는 붉은 물방울이 그려져 있어 공간을 자연스럽게 구분하는 효과를 낸다.

작지만 답답하지 않은
사우나실

사우나실은 건식과 습식 두 개가 나란히 붙어 있고, 두 사우나실 사이 벽이 유리창으로 되어 있다. 그래서 습식 사우나에서 탈의실이 보이고, 건식 사우나에선 습식 사우나가 보인다.

습식 사우나는 사우나 기계 벽면을 빼곤 두 면은 유리창, 한 면은 유리문으로 되어 있다. 그래서인지 크기는 작아도 답답함이 없다. 건식 사우나에는 3명이 앉으면 꽉 차는 작은 나무 의자가 하나 놓여 있다. 하지만 사우나실 역시 깨끗하고, 유리창 너머로 들어오는 빛 덕분에 좁게 느꺼지지 않는다. 오래된 목욕탕 사우나실은 어둡고 지저분한 곳도 많은데, 이곳은 의자, 유리창, 내부까지 깨끗하게 관리되고 있다.

'심봤다힘돌찜질방'의
흔적

적갈색 벽돌로 마감한 가락탕 건물 외벽에는 '심봤다힘돌찜질방'이라는 문구가 적혀 있다. 한때 전국적으로 찜질방 붐을 일으킨 프랜차이즈의 흔적이다. 이 프랜차이즈는 1994년 부산 동래구 사직동에 1호점을 낸 지 불과 1년 만에 전국 500여 곳으로 불어날 정도로 인기를 끌었다. 신문 기사로만 접했던 그 이름을 가락탕 외벽에서 보게 된 건 의외였다. 주인장 말에 따르면, 한때 찜질방을 함께 운영하다가 얼마 못 가서 중단했다고 한다. 현재 사우나실 자리가 그 당시 찜질방이 있던 공간이었다고. 구조를 바꾸는 과정에서 흔적은 거의 남아 있지 않다. 남아 있는 흔적은 벽면에 쓰여진 문구뿐이다.

한때 전국에 찜질방 붐을 일으켰던 프랜차이즈 '심봤다힘돌찜질방'

하남탕

앙증맞은 바가지탕과 노란색 타일 벽

❖ **주소**　　부산 사하구 하신중앙로239번길 49

❖ **전화**　　051-204-0028

❖ **정기 휴일**　　매주 화요일

❖ **목욕비**　　8,000원

아담한 하남탕 간판

동네의
아담한 목욕탕

어릴 적엔 동네마다 목욕탕이 한두 개 정도는 있었다. 집
에서 몇 걸음만 가면 목욕탕이 있었고, 바로 길 하나를 두
고 두 개의 목욕탕이 마주하고 있는 동네도 있었다. 세월
이 흘러 대부분의 목욕탕이 문을 닫았지만, 부산에는 아직

도 많은 목욕탕이 남아 있고, 이웃하며 영업하는 목욕탕들
도 아직 있다. 하남탕과 한솔탕도 그런 곳이다. 한솔탕 입
구에 서면 하남탕 건물의 뒷모습이 보이고, 하남탕의 3층
창으로는 한솔탕의 커다란 노란색 간판이 보인다.

작고 아기자기한
욕실

하남탕은 한솔탕에 비해 규모는 작지만, 욕실이 아기자기
하고 산뜻한 느낌을 준다. 이런 느낌을 주는 주인공은 바
가지탕과 사우나실의 외벽에 붙어 있는 노란색 타일이다.

　작은 탈의실에서 미닫이문을 열고 욕실로 들어가면 작
고 귀여운 바가지탕 두 개가 손님을 반긴다. 빨주노초파남
보 일곱 가지 무지개색 타일로 꾸며져 있으면 더 좋겠지
만, 여기는 주노초파보(바가지탕 안쪽이 파란색 타일이다) 다
섯 가지 색 타일로 마감되어 있다. 자칫 밋밋할 수도 있는
욕실 분위기에 경쾌한 포인트를 준다. 크기도 앙증맞다.
길이가 1미터쯤 될까? 목욕탕 바가지를 세 개쯤 늘어놓으
면 꽉 찰 만한 크기이다.

　이 작은 바가지탕이 명절 아침만큼은 열일을 한다. 평소

욕실에는 오색 타일로 꾸며진 바가지탕 두 개가 나란히 있다.

에는 한산하던 목욕탕이 명절 아침에는 어른, 아이, 젊은 층까지 북적인다. 그 북적거림 속에 연배 있는 어르신들이 작은 바가지탕을 빙 둘러앉아 때를 밀고 서로 등을 밀어주는 모습을 보고 있자면, 귀엽기도 하고 옛 기억도 떠올라 절로 웃음이 나온다.

고흐의 붓 터치가 느껴지는
샛노란 타일

탈의실에서 옷을 벗으며 큰 창을 통해 욕실을 보면 먼저 보이는 게 바로 사우나실 외벽의 노란 타일이다. 욕실 안으로 들어서면 먼저 눈길을 사로잡는 건 바가지탕이지만, 이 노란 타일 벽도 한눈에 들어온다. 온탕과 냉탕 사이 욕실 구석에 자리 잡은 사우나실의 두 벽을 샛노란 타일이 감싸고 있다. 타일을 자세히 들여다보면 마치 고흐 그림처럼 붓 터치 자국 같은 결이 보여서 더 화사한 느낌을 준다. 사우나실의 외벽을 이런 색 타일로 마감하다니, 하남탕 주인장의 센스가 보통이 아니다.

그리고 이곳에는 수도권에서는 이제 찾아보기 힘든 부산의 오래된 목욕탕들만의 전통, 삼성기계공업사의 물대

여전히 현역으로 활동 중인 삼성기계공업사 물대포

포가 있다. 때밀이 기계는 당연히 구비되어 있고, 물대포
역시 여전히 현역이다.

십이지신상이 있는
한솔탕

옆에 이웃한 한솔탕은 자연 석재로 마감된 5층 건물로 제
법 큰 편이다. 1, 2층은 여탕, 3, 4층은 남탕, 5층은 헬스장
으로 사용한다. 남탕의 경우 3층에는 남자 탈의실이, 계단
참에는 지금은 사용하지 않는 수면실이 있고, 4층에 남자

하남탕의 3층 창에서 보이는 한솔탕의 커다란 노란색 간판

한솔탕의 목욕탕 굴뚝

욕실이 있다. 그리고 5층에 헬스장이 있는데, 5층에서 운동을 마치고 4층으로 통하는 계단을 이용해서 목욕탕으로 이동하는 어르신들이 제법 많다.

한솔탕에 타일 벽화는 없지만 큰 타일 4장으로 만들어진 그림 타일이 3개 있다. 2개는 좌식 샤워기가 있는 벽을, 1개는 냉탕이 있는 벽을 장식한다. 해수 암반수를 이용한 냉탕에는 화려한 금빛의 구스타프 클림트 그림체로 그려진 여성의 상반신 그림 타일이 벽의 중앙에 있다. 몽환적인 분위기라 그림 자체는 인상적이지만 차가운 냉탕과는 어딘지 어울리지 않는 느낌이다. 좌식 샤워기가 있는 벽의 그림 타일은 난이 심어진 화분과 이국적인 여성이 그려져 있다.

목욕탕 이용권

정초가 되면 소원을 비는 십이지신상

　한솔탕 건물 입구 복도 우측에는 십이지신상 조각이 놓여 있다. 정초 때쯤 한솔탕에 들를 일이 있으면 그 해의 조각상 앞에서 한 해의 복을 빌기도 한다. 마침 방문한 해가 뱀의 해라서 뱀 조각상 앞에서 빌었다.

구덕탕

영화 《마약왕》의 그 목욕탕

❖ **주소**　　　부산 서구 대영로85번길 66

❖ **전화**　　　051-242-6788

❖ **정기 휴일**　　매주 화요일

맑은 하늘을 배경으로 구덕탕 굴뚝의 푸른색이 더욱 또렷하게 보인다.

부산 야구와
구덕의 기억

'구덕'이란 단어를 들으면 부산 토박이들은 십중팔구 구덕 야구장 그리고 구덕터널을 떠올린다. 지금은 철거되어 사라졌지만 구덕야구장은 부산 야구의 요람으로 고교 야구 대회와 실업 야구 경기가 열렸던 곳이다. 1982년 프로 야구가 출범했을 때는 롯데 자이언츠의 홈구장으로 사용되며 부산 사람들의 뜨거운 사랑을 받았다. 한편, 구덕터널은 1984년 개통 당시 고속 도로를 제외한 일반 도로 가운데 국내에서 가장 긴 터널이자 부산 최초의 유료 터널로 기록되었다. 구덕이라는 이름에는 부산의 추억과 역사가 담겨 있다. 그리고 이 구덕이라는 이름을 간직한 또 하나의 공간, 구덕탕이 바로 그 자리에 있다.

40여 년의 세월을 품은 동네 목욕탕, 그리고 영화 촬영지

구덕탕은 옛 구덕야구장 자리에서 도보로 5분 거리에 있는 대신동 골목 안쪽에 자리 잡고 있다. 대신동은 1970~80년대 부산의 모습을 그대로 간직한 몇 안 되는 지역 중 하나다. 1981년 문을 연 구덕탕 역시 개업 당시 모습이 그대로 남아 있어 드라마나 영화 촬영지로 종종 이용되었다. 2009년 현빈 주연의 드라마 《친구, 우리들의 전설》과 2018년 개봉한 송강호 주연의 영화 《마약왕》의 촬영이 이곳에서 이루어졌다. 두 작품 모두 70~80년대 부산이 배경인데, 당시 분위기를 되살리기에 구덕탕만큼 적합한 곳을 찾기 힘들다. 영화 《마약왕》에서 구덕탕은 부산 범죄 조직 두목인 조성강(조우진 역)의 아지트로 나온다. 마약상 이두삼(송강호 역)이 마약 판로 개척을 도와준 조성강을 찾아가

욕실 곳곳에 간유리 창이 있어 내부가 매우 환하다.

는 장면에서 처음으로 구덕탕이 화면에 등장하고, 영화 종반 마약에 취한 조성강이 배신한 부하들과 처절한 싸움을 벌인 끝에 목숨을 잃는 장면 역시 이곳 구덕탕에서 촬영되었다.

40년 세월에도
깔끔하게 유지된 건물과 관리 비결

지금의 구덕탕 주인장 내외는 원래 구덕탕에서 일하던 사람들이었다. 남편은 보일러공으로, 아내는 욕실 청소와 세신사로 일하며 생계를 이어 갔다. 보일러실 옆 작은 방 한 칸을 얻어 네 식구가 함께 지내며 목욕탕 일을 했다고 한다. 그러던 중 IMF 외환 위기로 기존 주인이 목욕탕 운영을 포기하게 됐고, 이 부부에게 인수를 제안했다. 부부는 1998년 구덕탕을 인수해 지금까지 27년 넘게 운영을 이어 오고 있다.

구덕탕은 애초에 꼼꼼하게 잘 지어진 덕분에 1981년 완공 이후 타일 한 장 떨어지지 않았다. 간판, 건물 외벽, 욕실 역시 완공 당시 모습 그대로다. 지은 지 40년이 넘은 오래된 시설이지만 낡았다고 해서 지저분하게 느껴지지 않는다. 그 이유는 주인 부부의 정성 어린 관리 덕분이다. 매일 쓸고 닦고, 환기를 철저히 하며 기본을 지켜 온 덕에, 세월의 흔적 속에서도 깔끔하고 단정한 분위기를 유지하고 있다.

햇살 가득한 욕실,
그리고 특별한 바가지탕

이 목욕탕에서 제일 마음에 드는 건 우물처럼 생긴 바가지탕이다. 지금까지 여러 바가지탕을 보아 왔지만 이렇게 원형에 곡선진 돌을 붙여 만든 바가지탕은 처음 본다. 중앙의 온탕 뒤편에 나란히 두 개가 자리 잡고 있어 마치 옛날 우물가처럼 정겨운 느낌을 준다.

욕실 곳곳에는 간유리 창이 있어 자연광이 흘러들고, 그 덕분에 욕실 내부는 환하다. 햇살이 욕실 안으로 들어오는 변화만으로도 하늘의 구름이 해를 가리고 지나가는 모습이 느껴질 정도다. 밝은 욕실 한 켠의 바가지탕은 우물을 연상시키고, 한증실 입구는 건물 외벽에 자주 쓰이던 적색 벽돌로 마감되어 있어 욕조에 몸을 담근 채 졸다가 문득 깨어나면 마치 노천탕에 있는 듯한 착각이 든다. 언젠가

적색 벽돌로 마감한 한증실 입구

구덕탕의 상징인 바가지탕

70~80년대 추억이 그리워질 때면 다시 찾고 싶은 곳이다.

※ 영화《마약왕》의 엔딩 크레딧에는 제작에 도움 주신 분들 부분에 '구덕탕 사장 이병원 김순이'라고 사장님 부부의 이름이 나온다.

40년 넘게 매일 정성껏 쓸고 닦아 정갈한 탈의실

옥천탕과 득일목욕탕

그 옛날 양옥집 거실 모습 그대로

❖ 주소	부산 수영구 민락본동로27번길 24	❖ 주소	부산 중구 대청로134번길 8
❖ 전화	051-754-8933	❖ 전화	0507-1419-6681
❖ 목욕비	7,000원		

출입구 바로 옆에는 데스크가 있다. 폐건전지 수거함부터
태권도 도장의 개관 기념 행사 포스터까지, 동네의 소소한 정보를 알 수 있다.

옥천탕, 버스 차고지 옆
오래된 동네 목욕탕

광안리해수욕장 동쪽 끝, 민락동 횟집 거리를 조금 지나면
분위기가 확 바뀐다. 오래된 주거지들이 모습을 드러내는
데, 관광지로 유명한 광안리해수욕장 인근에 아직 이런 동
네가 남아 있다는 사실이 다소 의외다. 낡은 빌라와 저층

아파트들이 골목마다 다닥다닥 들어서 있고, 도로는 차량 두 대가 마주 지나가기 어려울 만큼 좁다. 골목의 안쪽에는 버스 차고지가 있어, 좁은 도로를 시내버스가 끊임없이 드나든다. 옥천탕은 바로 그 차고지 옆, 오래된 주택가 한 가운데 자리하고 있다.

옛날 가정집
거실 같은 분위기

오래된 목욕탕 중에는 탈의실을 7~80년대 가정집 거실처럼 꾸며 놓은 곳들이 있다. 목재로 마감한 마루, 벽, 천장과 천장 모서리를 따라 이어지는 기하학 무늬의 몰딩 장식이 있는 구조다. 조금 더 공을 들인 곳은 천장과 벽의 중앙에 음각으로 그림을 새겨 넣기도 한다. 그리고 중앙에 커다란 가죽 소파와 테이블까지 놓여 있다. 옥천탕의 탈의실도 그런 분위기를 간직하고 있다. 화려한 장식은 없지만 벽과 천장을 목재로 마감하고, 바닥에는 물기를 고려해 나무 무늬의 장판을 깔았다.

옥천탕의 굴뚝 모습

탈의실 귀퉁이는 역시
터줏대감들의 목욕 바구니가
자리를 차지하고 있다.

햇빛 드는 욕실,
바가지탕과 갈매기 타일화

욕실은 양쪽 벽의 창으로 햇빛이 들어와 전체적으로 밝다. 가운데에는 세로로 긴 욕조가 놓여 있고, 왼쪽에는 바가지탕들이, 오른쪽에는 냉탕이 자리하고 있다. 바가지탕은 두 개가 있는데, 벽을 사이에 두고 양쪽으로 나뉘어 긴 직사각형, 작은 우물처럼 생긴 원형이 각각 하나씩 있다.

냉탕 벽면에는 타일로 만든 갈매기 벽화가 붙어 있다. 흰색, 검정, 파랑, 붉은 타일을 조합해 바다와 하늘, 해, 물결 같은 배경을 만들고, 그 위에 큼직한 흰 타일을 겹쳐 붙여 갈매기 두 마리가 하늘을 나는 장면을 표현했다. 배경 위에 덧붙인 흰 타일 덕분에 갈매기의 윤곽이 더욱 도드라지고, 그림 전체에 약간의 입체감도 더해진다.

득일탕, 나무 계단과
가죽 소파가 있는 탈의실

부산 용두산 공원 아래쪽, 동광동 골목에 자리한 득일목욕탕의 탈의실도 영화 《써니》에 등장하는 잘 사는 친구네 집

냉탕 위를 날아다니는 갈매기 타일 벽화

원형 바가지탕

직사각형 바가지탕

독특하게도 샤워 부스가 타일로 되어 있다.
지금은 낡아 보이지만 처음 만들던 당시에는 아주 고급스럽게 공을 들인 부스였을 것이다.

음각 장식이 있는 나무 천장

계단 앞에 청녹색 가죽 소파가 놓여 있다.

탈의실에서 2층으로 올라가는 나무 계단

거실을 연상케 한다. 2인용 녹색 가죽 소파가 놓여 있고, 그 뒤로 2층으로 올라가는 나무 계단이 있다. 특히 이 계단은 고풍스런 기둥이 달린 난간 덕분에 욕실이 아닌 집 안 내부처럼 느껴진다. 천장은 단순히 나무판을 덧댄 것이 아니라 여러 겹의 몰딩과 조각을 층층이 겹쳐 만든 입체적인 구조다. 중심부에는 부챗살 무늬나 사각 격자 같은 장식이 음각으로 새겨져 있어 장인의 손길이 느껴진다.

그리고 특이하게도 득일탕의 욕실에는 한시를 새겨 넣은 붉은색 대리석이 족자처럼 곳곳에 있다. 70~80년대 중산층이 살던 가정집의 거실 분위기를 간접적으로나마 경험하고 싶다면, 또는 욕조에 앉아 한시를 조용히 읊조려 보고 싶다면, 한 번쯤 득일탕에 들러볼 만하다.

장수탕과 천일탕

영도에 솟은 동갑내기 목욕탕 굴뚝

❖ 주소	부산 영도구 동삼로 81번길 28	❖ 주소	부산 영도구 동삼로 87-5
❖ 전화	051-404-0855	❖ 전화	051-404-2121
❖ 정기 휴일	매주 목요일	❖ 정기 휴일	매주 수요일
❖ 목욕비	8,000원	❖ 목욕비	8,000원

장수탕의 외부 전경

부산 영도구에는 하늘 높이 솟아 있는 목욕탕 굴뚝이 나
란히 서 있는 보기 드문 장소가 있다. 불과 몇 걸음 떨어진
거리에 자리한 두 오래된 동네 목욕탕, 장수탕과 천일탕이
이 굴뚝들의 주인이다. 각각의 이름이 새겨진 굴뚝은 목
욕탕, 특히 목욕탕 굴뚝을 좋아하는 이들에게는 사진 찍기
좋은 풍경이 된다.

　두 목욕탕은 1985년 2월 21일 같은 날 건축 허가를 받아 그 해 9월 나란히 문을 열었다. 마치 동갑내기 동네 친구처럼 40년 가까운 세월을 함께해 온 셈이다. 영도구 대부분의 목욕탕처럼 남자 손님도 카운터에서 수건을 받아야 하며 지금은 보기 드문 전기탕을 갖추고 있다. 또한 두 곳 모두 삼성기계공업사의 자동 등밀이 기계와 물대포가 놓여 있는 점, 그리고 영도구 소재 신경과 의원에서 협찬한 시계가 걸려 있는 점이 닮았다. 이 두 목욕탕은 인근 주민들이 불편하지 않도록 정기 휴일을 서로 다르게 정해 운영하고 있다.

장수탕,
동네 우물가 같은 목욕탕

장수탕은 욕실보다 더 넓은 탈의실이 인상적이다. 목욕 후 쉴 수 있는 1인용 안락의자 서너 개가 TV를 향해 놓여 있고, 한쪽에는 흡연실과 운동 기구가 마련되어 있다. 어르신들이 목욕을 마치고 안락의자에 몸을 기대어 TV를 보는 모습이 평온하게 느껴진다.

　욕실 중앙에는 큰 욕조가 자리하고 있으며, 입구에서 바

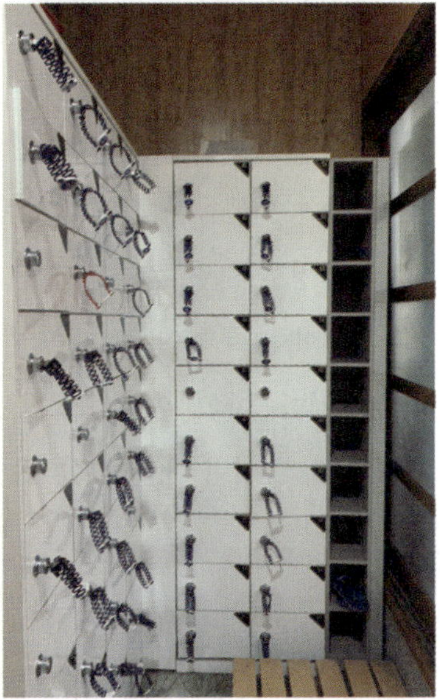

장수탕의 넓은 탈의실

로 보이는 곳에 두꺼비 조각상이 서 있다. 보통 욕조에 있는 조각상은 물줄기를 뿜으며 욕조 쪽을 향하지만, 이곳의 두꺼비는 특이하게도 탈의실 방향을 바라본다. 그래서 손님이 욕실로 들어서는 순간 맞이하는 듯한 인상을 준다.

욕실의 왼쪽에는 사우나실과 저주파탕이 있다. 흥미롭게도 이 공간은 집 외부처럼 꾸며져 있다. 오래된 가정집처럼 기와를 얹은 처마가 있고 사우나실과 저주파탕의 출입구는 불투명한 유리가 달린 미닫이문으로 되어 있다. 그 앞에는 동그란 우물 모양의 바가지탕이 두 개 놓여 있어 마치 옛집 앞마당의 우물가 같은 분위기가 난다. 전기탕은 초심자에게 다소 강하게 느껴질 수 있는데, 몸을 담그면 찌릿한 자극이 온몸을 타고 흐른다. 처음에는 놀라 금세 나왔지만, 곧 묘한 매력에 이끌려 다시 들어갔다.

욕실 오른쪽은 전체가 냉탕이다. 벽면의 중앙에는 커다란 꽃병을 그린 정물화 같은 그림 타일이 있고, 왼쪽 모서리 위에는 부엉이 세 가족의 나무 조각상이 놓여 있다. 아빠, 엄마, 아기 부엉이가 욕탕을 내려다보는 모습은 마치 손님들의 목욕 예절을 살피는 감시자처럼 보인다.

천일탕의 입구. 카운터에 요금을 내면 수건을 내어 준다.

천일탕,
전기탕 입문에 좋은 곳

천일탕은 1층에 여탕, 2층에 남탕이 있으며 2층 계단으로 가는 복도에는 과일, 야채, 과일청 등 각종 먹거리가 진열되어 있다. 손님은 목욕을 마친 뒤 간단히 장을 볼 수 있고, 목욕탕 입장에서는 가외 수입이 생기니 서로 윈윈하는 셈이다. 탈의실과 옷장은 오래된 시설임에도 깔끔하게 관리되고 있다. 욕실 한켠에는 바가지탕이 두 개 있는데, 하

근방에서 공수해 온 과일과 채소를 비롯해 과일청들이 늘어서
목욕을 끝낸 손님들을 기다린다.

나는 좁고 긴 사각형 형태에 가운데가 불룩하게 튀어나온 모양이고, 다른 하나는 우물처럼 둥근 모양이다. 이곳에도 전기탕이 있지만, 옆의 장수탕보다는 전기 자극이 약해서 전기탕 초심자들이 도전할 만하다. 좌식 샤워기는 다른 목욕탕보다 조금 높다. 그 때문인지 일반적인 낮은 의자 대신 길거리 포장마차에서 흔히 볼 수 있는 빨간색, 파란색 플라스틱 의자가 놓여 있는 점이 재미있다.

세월이 흐르면서 동네 풍경은 많이 바뀌었지만, 동갑내기 두 목욕탕 장수탕과 천일탕의 굴뚝은 여전히 제자리를 지키고 있다. 코로나 시기의 어려움도 버텨내고, 지금도 두 굴뚝은 변함없이 하늘을 향해 서서 이 동네의 시간을 함께 쌓아가고 있다. 목욕탕 탐방가로서 이 굴뚝들이 앞으로도 오래도록 이 골목의 풍경 속에 자리하기를 바란다.

부산의 목욕탕

사진으로 둘러보는 부산 목욕탕

은하탕

화신탕

동산탕

백남탕

양지탕

동아탕

봉래탕

송도탕

부산의 목욕탕

사진으로 둘러보는 부산 목욕탕

은하탕
하탕
권도
자연 암
100%
주차 금지
31
이발
합니다
P
LG

화신
목욕탕
467-6385
초장상로
Chojang-ro
77
목
욕
합
니
다
매 주
화요일
휴 무
화신탕

여관·목욕탕
천연옥사우나
주차장
←
동산탕
여
목욕합니다

백남탕
291/0897
백남

베스파트
헬스클럽
백남탕

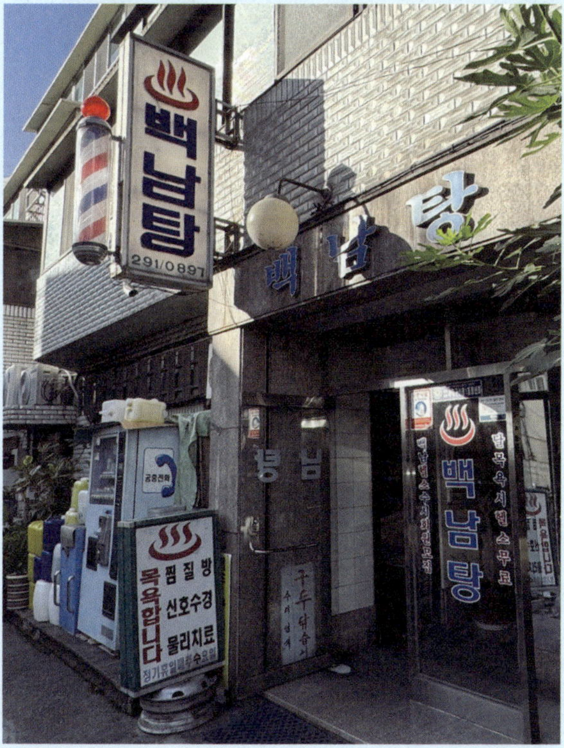

탕
양지탕
2

동 아 탕
동
아
목
욕
당
242-8446

목욕 합니다
매주 수요일 은 휴무

봉래탕
목욕합니다
★★★ Since 1986 ★★★
봉래탕 이야기
1986년 10월, 봉래탕의 역사는 시작되었다.
◇ 목욕합니다
CCTV작동중
을주자. 노약자 . 고혈압. 피부병. 환자는 입욕을 금
이달의 생일
봉래탕 네이버 밴드 가입하고 비누 가져가세요 !
어린이 여러분
어린이 여러분들의 국민학교 졸업을 진심으로 축
여러분들은 이제부터 의젓한 중학생입니다. 따라서
東京
집잎목욕탕
집잎목욕탕
CCTV 녹화중
반드시
납!!

송도탕 온천 대중탕 모텔

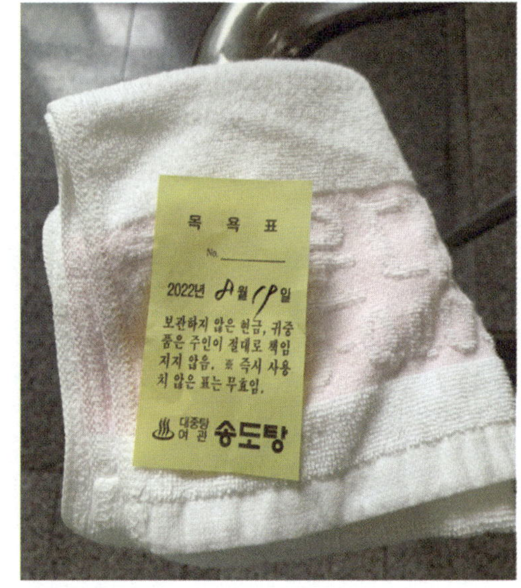
목욕표
No.
2022년 월 일
보관하지 않은 현금, 귀중
품은 주인이 절대로 책임
지지 않음. ※ 즉시 사용
치 않은 표는 무효임.
대중탕 여관 송도탕

전라 5탕

서룡목욕탕

마음을 씻는 목욕탕

❖ 주소	전남 나주시 남평읍 남평2로 16
❖ 전화	061-331-2202
❖ 정기 휴일	매주 화요일
❖ 목욕비	7,000원

전라남도 나주시 남평읍에 자리한 목욕탕이다. 기다란 바가지탕과 온탕, 냉탕 하나씩 갖추고 있는 욕실 공간은 여느 오래된 동네 목욕탕과 크게 다르지 않다. 탈의실 또한 특별한 것은 없다. 그럼에도 불구하고 이곳은 오래도록 기억 속에 남아 있다. 아마도 포근한 인상을 주는 외관과 첫 방문 때의 경험 때문일 것이다.

벽돌로 쌓아 만든 사각형 굴뚝은 멀리 골목 어귀에서 봐

야지 잘 보인다. 굴뚝 네 면에는 한글이 아닌 한자로 瑞龍湯(서룡탕)이라는 글이 새겨져 있고, 그 위에는 목욕탕 마크가 붙어 있다. 그러나 세월이 흐르며 목욕탕 마크의 일부와 한자의 획들이 떨어져 나간 곳도 있다.

목욕탕 입구에는 아름드리 은행나무와 단풍나무가 서 있고, 그 아래에는 평상이 놓여 있다. 목욕을 먼저 마친 일행이 기다리기에도 좋고, 여름철에는 손님들이 목욕을 마친 뒤 그늘에 앉아 더위를 식히기에 알맞다. 목욕탕으로 들어서기 전 마주하는 이 나무들 덕분에 마음까지 편안해졌다.

마음을
깨끗이 씻는다

탈의실 한쪽 벽에는 瑞龍洗心(서룡세심)이라 쓴 붓글씨 액자가 걸려 있다. '서룡탕에서 마음을 깨끗이 씻는다'는 뜻으로 풀이된다. 목욕을 마치고 이 글귀를 보고 나니 몸만 씻은 것이 아니라 일상에서 쌓인 근심과 스트레스로 생긴 마음의 얼룩들이 깨끗하게 씻겨 나간 것 같은 기분이 든다. 2층의 출입구를 나서는 순간, 창문 너머로 보이는 싱그

瑞龍洗心

丁卯孟冬
為崇德業廣之觀
後松徐花銘

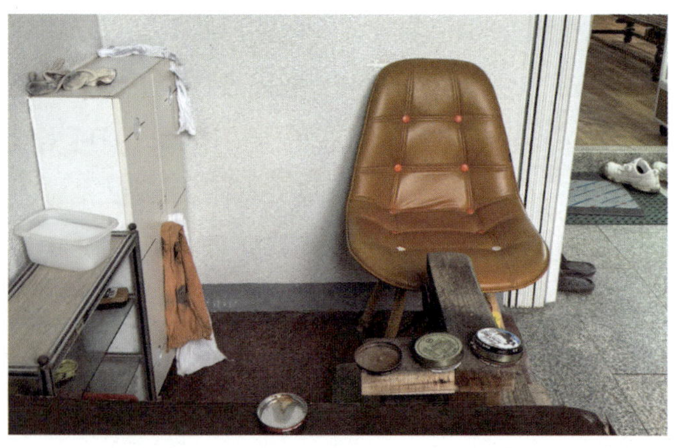

러운 여름의 단풍잎들이 햇살에 반짝인다. 그 풍경이 마음을 한층 더 맑게 해주는 듯하다.

몸과 마음의 때를 벗기고 목욕탕을 나서는데, 평상에서 단골들과 주인장이 수박을 나누고 있었다. 조용히 인사를 건네고 주차장으로 향하자 주인장이 나를 불러 세우며 수박 한 조각을 건넸다. 몇 번 사양하다 결국 받아 들고 평상 모서리에 앉아 한입 베어 물었다. 목욕 후라서 맛이 특별했을 뿐 아니라 동네 목욕탕에서만 느낄 수 있는 따뜻한 정서를 맛본 듯해 그 순간이 오래도록 잊히지 않는다.

금천목욕탕

나이아가라 폭포가 있는 오래된 목욕탕

❖ **주소**   전남 목포시 번화로 29

❖ **전화**   061-244-8664

❖ **목욕비**   8,500원

오래된 동네에 가면 그 동네 분위기에 어울리는 목욕탕이 하나쯤은 남아 있다. 목포근대역사관 1관(구목포일본영사관)과 2관(구동양척식주식회사 목포지점) 등 근대 목포의 모습이 많이 남아 있는 목포의 구시가지에도 그런 목욕탕이 하나 있다. 이름은 금천목욕탕.

지나가는 이의 시선을 사로잡을 만큼 멋진 벽돌 파사드와 간판이 돋보이는 2층 건물이 목욕탕 건물이다. 건물의 전면은 적갈색 벽돌로 마감되어 있고, 2층은 크고 넓은 창이 벽면의 대부분을 차지하고 있다. 건물 중앙에는 독특하고 멋진 간판이 있다. 건물의 중간 정도에 띠처럼 두른 두 개의 긴 스테인리스 패널 사이에 목욕탕 마크(♨)와 '금천목욕탕'이라는 상호명이 한 글자씩 뚝뚝 떨어져 큼지막하게 박혀 있다.

1960년대 말 지어진 이 건물은 1993년에 대대적인 리노베이션을 거쳐 지금의 모습으로 바뀌었다. 예전에는 2층을 가족당으로 운영하였지만 지금은 가족탕 이용객이 줄어들어 1층만 운영한다고 한다.

소박하지만
시간의 품위를 간직한 탈의실

남탕과 여탕 출입구에 각각 반씩 걸쳐진 작은 카운터에 요금을 내고 오른쪽의 미닫이문을 열고 들어서면 아담한 탈의실이 나온다. 다른 목욕탕에서는 좀처럼 보기 힘든 청록색의 옷장이 ㄱ자로 배치되어 있어 독특한 분위기를 더해 준다. 옷장 문의 위아래에는 금색 테두리가 있어서 예전에는 고급스러워 보였으리라 짐작하게 된다. 탈의실 한가운데에는 작은 평상이 하나 놓여 있다.

탈의실 한 켠에는 사용하지 않는 오래된 이발 의자와 유물처럼 보이는 동전 전화기가 놓여 있어 이 목욕탕이 얼마나 오래된 곳인지를 보여 준다.

크기는 작지만
크게 느껴지는 욕실

욕조는 작은 온탕과 냉탕이 전부이고, 사우나실 하나가 있는 욕실은 아주 작은 편이다. 온탕과 냉탕도 어른 두세 명이 들어가면 꽉 차 보일 정도로 아담하다. 그렇지만 오랜 시간 동안 많은 사람들의 추억이 켜켜이 쌓여 있어서 그런지 느껴지는 공간감은 아주 크다.

냉탕에는 작은 타일 벽화가 하나 있다. 목욕탕의 타일 벽화는 국적 불명의 폭포를 상상으로 그린 것이 많은데, 여기 타일 벽화는 나이아가라 폭포를 그린 것임을 한눈에 알 수 있었다. 나이아가라 폭포 그림을 보며 앉아 있으면 냉탕의 물이 좀 더 시원하게 느껴진다.

냉탕 앞에는 부산에 본사를 둔 삼성기계공업사에서 만든 자동 등밀이 기계가 놓여 있다. 경상권 이외 지역에서는 잘 보기 힘든데, 목포 동네 목욕탕에서 만나니 반가웠다.

전국 목욕탕 탐방

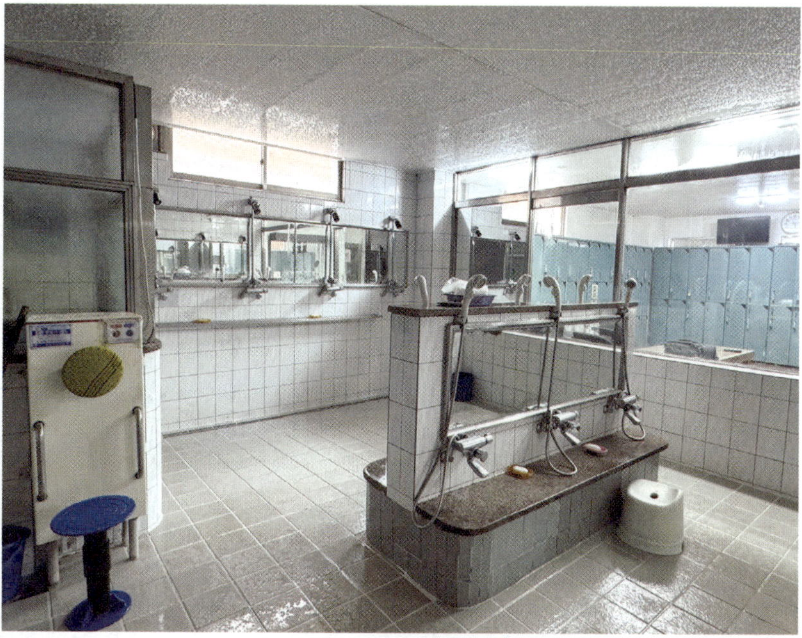

　　나이아가라 폭포를 그린 타일 벽화와 작은 욕실에 놓인 등밀이 기계를 통해 손님을 배려하는 주인장의 마음 씀씀이가 느껴진다.

금천목욕탕

하당골대중탕

타일 벽화와 조각상

❖ 주소	전남 목포시 백년대로323번길 20	
❖ 전화	061-283-6828	
❖ 정기 휴일	매주 월요일	
❖ 목욕비	8,500원	

1993년 준공된 전남 목포시 하당동의 비파3차아파트 단지 안에는 단독 건물로 된 목욕탕이 하나 있다. 아파트 단지 상가 지하에 자리한 대중목욕탕은 흔히 볼 수 있지만, 아파트 단지 안에 독립된 목욕탕 건물이 따로 있는 경우는 드물다. 단지 정문 바로 옆에 아파트 단지와 함께 지어진 이 목욕탕은 지금도 단골손님들이 꾸준히 찾는 동네 목욕탕이다.

사방에 예술 작품이
넘치는 목욕탕

사실 목욕탕은 몸을 단순히 씻는 곳 이상의 의미를 지녀 왔다. 고대 로마 시대의 목욕탕은 청결을 유지하는 공간이자 시민들이 함께 모여 교류하고 휴식을 즐기는 사교와 문화의 장소였다. 그래서 당시 대형 공공 목욕탕에는 분수, 조각상, 벽화 같은 장식물들이 설치되어 공간을 아주 화려하게 꾸몄다. 목욕탕 곳곳에 놓인 조각상들은 공간의 품격을 높이는 동시에 시민들에게 자연스레 예술적 즐거움을 선사했다. 지금도 이 조각상들은 주요 박물관에 전시되어 예술적 가치를 인정받고 있다.

전남 목포에 있는
자유사우나 외벽의 부조

고대 로마의 목욕탕 정도는 아니지만 우리나라에도 비슷하게 예술 작품을 둔 목욕탕이 몇 군데 있다. 하당골대중탕 인근에 있는 여성 전용 사우나인 자유사우나의 외벽에는 큼직한 여성 부조가 새겨져 있다. 여성이 왼쪽 어깨에 물항아리를 메고 물을 붓는 모습으로, 전통적인 여인의 형상을 담고 있다. 햇빛의 각도와 세기에 따라 윤곽이 뚜렷하게 드러나기도 하고 은은해지기도 하는 이 부조는, 목욕탕 외벽을 단조롭지 않게 꾸며주는 역할을 한다.

하당골 대중탕에도 조형물과 타일 벽화가 설치되어 있다. 계단참과 남탕 입구에는 큼지막한 여성 조소 작품들이 있고, 욕실 냉탕 벽면에는 커다란 타일 벽화가 그려져 있다. 계곡과 호숫가를 배경으로 물놀이를 즐기는 여인들의 모습을 그린 그림이다. 그림의 절반 가까이가 세 여인의 모습으로 채워져 있어 풍경보다는 인물을 중심에 뒀다. 바위 위에 펼쳐진 흰 천 위에는 두 여인이 나란히 앉아 있고 그 앞에는 물에 들어가서 함께 놀자며 권유하는 듯한 여인이 있다. 뒤쪽으로는 이미 물속에 들어가 머리를 매만지거나 장난을 치는 여인 두 명의 모습이 보인다.

목욕을 즐겼던 고대 로마와 일본 에도 시대에는 남녀 혼욕이 일반적이었다. 냉탕에 앉아 거대한 그림 속 여인들을 보니 함께 물놀이를 하는 것 같다. 그런데 이러면 마치 신

윤복의 〈단오풍정〉에서 목욕하는 여인들을 훔쳐 보는 불
한당 같지 않나? 이런!

남원사우나

대를 잇는 목욕탕

❖ 주소	전북 남원시 남문로 486
❖ 전화	063-633-2260
❖ 정기 휴일	매월 마지막 주 화요일
❖ 목욕비	8,000원

1997년 문을 연 뒤 지금까지 2대째 가업으로 이어지고 있는 목욕탕이다. 이 목욕탕의 초대 사장은 원래 마트를 운영했는데, 근처 목욕탕에 월 정기권을 끊어 다닐 정도로 목욕을 무척 좋아했다고 한다. 그러던 중 인근에 대형 마트가 들어온다는 소식을 듣고, 변화에 대응할 방법을 고민하던 그는 평소 즐겼던 목욕의 만족감과 함께 당시 목욕탕이 수익성이 좋고 현금 흐름이 안정적이라는 점에 착안해 목욕탕 사업을 하기로 마음먹었다. (주)한국담배인삼공사 건물을 매입해 철거하고 그 자리에 목욕탕을 지었다. 처음 '남원대중탕'이라는 이름으로 문을 열었고, 현재는 2대째 사장이 물려받아 '남원사우나'로 이름을 바꾸어 운영 중이다.

욕조 속
행복한 동물 캐릭터

건물 앞에는 차량 열 대 정도를 댈 수 있는 주차장이 있다. 주차를 하고 입구 쪽으로 들어서면 귀여운 동물 캐릭터가 그려진 입간판이 손님을 맞는다. 비누 거품 가득한 욕조에 몸을 푹 담근 동물은 눈을 감고 입꼬리를 살짝 올린 채 그야말로 행복한 표정을 짓고 있다. 얼굴은 둥글고, 작은 귀와 뭉툭한 팔다리가 인상적인데, 고양이 같기도 하고 수달 같기도 하다. 어떤 동물을 그린 것인지 알아내려 자세히 들여보다가 '고양이면 어떻고, 수달이면 어떤가. 저런 표정으로 목욕을 즐긴다면 그걸로 충분한 거지'라는 생각을 하며 카운터 쪽으로 걸음을 옮겼다.

운동도 목욕도
제대로

동네 목욕탕의 경쟁자는 대형 찜질방이나 대규모 스파만이 아니다. 최근에는 헬스장도 무시 못할 경쟁자다. 건식 사우나실과 욕조를 갖춘 대형 헬스장들이 생기며 손님을 빼앗기고 있다. 서비스 차원에서 러닝머신이나 바벨 몇 개를 탈의실 한쪽에 비치한 목욕탕도 있지만, 남원사우나는 제대로 된 운동 공간을 갖추고 있다.

　독립된 공간에 러닝머신 3대, 실내 자전거 2대 외에도 다양한 운동 기구가 있어 웬만한 헬스장이 부럽지 않다. 게다가 창밖 풍경을 보며 운동할 수 있어 러닝 중에도 답답함이 덜하다. 운동과 목욕, 사우나를 모두 저렴하게 이용할 수 있는 점은 이용객들에게 특히 반가운 요소다.

전국 목욕탕 탐방

목욕
합니다.

시원시원한
욕실 구조

탈의실에는 호텔 사우나에서나 볼 수 있는 고급스러운 옷
장이 놓여 있다. 위아래로 나뉘지 않은 길쭉한 형태라 겨
울철 긴 패딩도 무리없이 걸 수 있다. 표면은 조명을 받아
은은하게 반짝이고, 그 덕에 탈의실 전체가 한층 밝고 정
돈된 느낌을 준다.

　욕실 공간도 제법 넓다. 냉탕, 온탕, 열탕이 나란히 길게
배치되어 있어 마치 테트리스의 긴 막대 블록들이 쭉 세워
진 듯한 느낌이다. 중앙에는 좌식 샤워 부스가 세로로 길
게 있고, 한쪽 벽면에는 입식 샤워기들이 쭉 늘어서 있다.
사우나실의 벽면에는 사우나용 베드 다섯 개와 의자 두 개
가 놓여 있어 운동이나 목욕을 마친 뒤 잠시 쉬어가기에
안성맞춤이다. 특히 사우나실 옆에 있는 냉탕은 길이가 약
15미터에 달해 대중목욕탕에서는 좀처럼 보기 드문 크기
를 자랑한다. 운동으로 달아오른 근육을 식히기에도 좋고,
사우나실에서 데워진 열기를 식히기에도 제격이다.

남탕에 있는 열탕과 온탕

가업을 이어 가는 곳,
그리고 기록

목욕탕을 가업으로 잇는 곳은 많지 않다. 게다가 어려운
목욕업계의 현실 속에서도 다양한 시도를 하고, 그 과정을
블로그를 통해 공유하는 주인장은 더 드물다. 남원사우나
는 변화에 적응하며 살아남는 법을 잘 찾아가고 있다고 생
각한다. 이 목욕탕이 앞으로도 지역의 터줏대감으로 자리
하며 힘겨운 목욕탕 업계에 좋은 선례가 되길 바란다.

전국 목욕탕 탐방

탕 뒤에 벽처럼 보이는 것이 안마탕이다.

여탕은 매점에서 잡화를 판매하고 있다.

장수작은목욕탕

소박하고 따뜻하다

❖ 주소	전북 장수군 장수읍 시장로 17
❖ 전화	063-352-5006
❖ 정기 휴일	매주 일, 월요일
❖ 목욕비	3,000원

장수작은목욕탕은 전북 장수군에서 운영하는 공중목욕탕이다. 인구가 줄어드는 지역에서는 민간이 목욕탕을 운영하기 어려워 이렇게 지자체가 운영하는 곳이 많다. 주민 복지와 위생을 위해 장수군에서 운영하는 이 목욕탕은 이용 요금이 매우 저렴하다. 일반은 3,000원, 65세 이상은 1,500원이다. 다만, 수건과 비누는 제공하지 않는다. 요금이 싸고 군에서 운영한다는 이유로 시설이 낙후되었을 것이라 생각할 수도 있다.

하지만 막상 방문해 보면 시설이 꽤 괜찮다. 일본의 동네 목욕탕보다도 넓은 편이다. 입식 샤워기 7개, 좌식 샤워기 12개가 갖춰져 있다. 중앙에는 어른 10명 이상이 동시에 들어갈 수 있을 만큼 큰 온탕(이라고 쓰여 있지만 실제로는 열탕)이 있고, 사우나실과 냉탕도 충실하게 갖춰져 있다.

동네 목욕탕 사우나실에서 듣는
소소한 일상과 농담

사우나실은 바닥을 제외한 모든 벽면과 천장을 나무판으로 마감했다. 다만 저렴해 보이는 나무판을 쇠못으로 고정한 점은 아쉽다. 그럼에도 동네 목욕탕 사우나치고는 넓은 편이다. 5~6명이 앉을 수 있는 ㄴ자 형태의 나무 의자가 하나 있고 그 앞에 넓은 공간이 있다.

최고로 인원이 많았을 때는 11명이 있었는데, 그중 5명은 바닥에 앉아 사우나를 즐겼다. 사우나실에 11명이라니! 그 정도로 이 작은 목욕탕을 찾는 이가 많다.

10명의 틈바구니 속에서 사우나실의 뜨거운 열기를 견디며 있는데, 한 어르신이 사우나실로 들어오시며 사람들에게 인사를 건넨다. 그리고 사우나 의자에 앉은 어떤 분

신발장이 있지만 동네 어르신들은 그냥 바닥에 신발을 벗어 두고 들어오신다.

에게 "넌 사우나하면 안되잖아! 입구에 술 마신 사람은 들어오면 안 된다고 써 있는데, 어제 얼마나 마셨는지 입에서 나는 술 냄새가 사우나 입구까지 난다"며 농을 걸었다.

앉아 있던 분도 "어제 형님이 더 많이 마셨다는 말이 들리던데요" 하며 지지 않고 받아친다. 주위에 있던 다른 분들은 이들의 대화가 재밌는지 웃으며 다른 농을 또 건넨다. 그러다가 올해 농사 계획이며, 피종할 씨를 나눠 주겠다는 등 일상의 이야기로 넘어간다. 동네 주민들의 수수한 일상과 농담들을 들으며 그 대화에 빠지다 보니 사우나의 뜨거움도 잊어버렸다.

냉탕의 청량함,
피부에 스며드는 기분 좋은 차가움

시간 가는 줄 모르고 사우나실에 있다가 땀범벅이 된 몸을 씻고 냉탕에 들어갔다. 제법 넓은 욕조에 시원한 물이 가득했다. 냉탕에서 나오자 기분 좋은 차가움이 피부 깊숙이 스며드는 듯한 느낌이 들었다. 다시 사우나에서 땀을 빼고 냉탕에 있다가 나오니 조금 전 느꼈던 그 상쾌함이 또 느껴졌다. 이 냉탕의 물이 다른 곳과 다른가? 아니면 사우나실에 있던 시간이 즐거워서 그런가?

전북 장수에서 뜻밖에 좋은 사우나 경험을 했다. 그리고 따뜻한 사람들의 소소한 일상이 어우러져 오래 기억에 남을 장소가 되었다.

경상 9탕

백두산천지온천

가야산 국립 공원이 한눈에 보이는 황금 온천

❖ 주소	경남 거창군 가조면 온천길 161
❖ 전화	055-941-0723
❖ 정기 휴일	연중무휴
❖ 목욕비	8,500원

주차장에서 바라본 가야산 국립 공원

경남 거창군 동쪽 끝, 가야산 국립 공원과 맞닿은 곳에 가조온천단지가 있다. 이곳은 1985년 온천이 발견되면서 조성되었는데, 단지 내에서 가장 규모가 큰 목욕탕이 바로 백두산천지온천이다. 하늘에서 내려다본 가조 들판의 분지형 지형이 백두산 천지를 닮았다 하여 이런 이름이 붙여졌다고 한다.

실내는 천장이 높고 개방적이라 답답하지 않고, 넓은 공

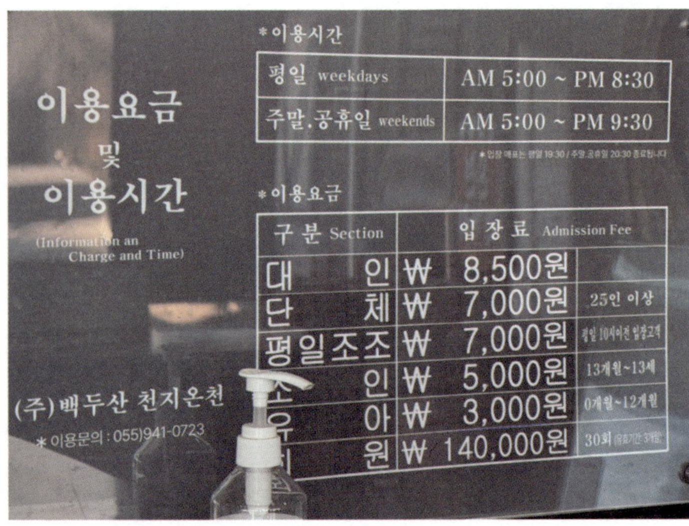

백두산천지온천의 목욕비

간에 다양한 온탕과 냉탕이 갖춰져 있다. 욕조 역시 크기가 상당하다. 특히 욕실 중앙에 자리한 길이 10미터가 넘는 대형 욕조가 시선을 끈다. 내부를 장식한 황금빛 타일 덕분에 각도에 따라서는 욕조 전체가 금빛으로 가득 찬 듯 보인다. '황금 온천'이라 부를 만한 이 긴 욕조에 몸을 담그고 있노라면 억만장자나 고관대작이 부럽지 않은 기분이 든다. 이곳의 물은 pH 9.8~10의 강알칼리성 단순천으로, 샤워를 마치고 피부를 만져 보면 특유의 미끈거림이 느껴진다. 안내문에 따르면 피로 회복, 피부 질환, 관절 통증 등에 효과가 있다고 한다.

사우나실 또한 규모가 크다. 좌우에 열원이 두 개 설치될 정도로 넓고, 무엇보다 전면의 큰 창이 매력적이다. 창 너머로 가야산 국립 공원의 지남산(1,018m), 우두산(1,046m)과 비계산(1,130m)이 한눈에 들어온다. 겨울에는 눈 덮인 능선이, 가을에는 단풍으로 물든 산자락이 펼쳐져 계절마다 다른 풍경을 감상할 수 있다. 뜨거운 사우나를 즐긴 뒤 옆의 냉탕에서 몸을 식히고, 입구에 놓인 사우나 의자에 앉아 쉬는 것만으로도 만족스럽다.

그러나 이곳의 백미는 따로 있다. 바로 노천탕이 있는 야외 공간이다. 냉탕에서 곧장 나가기는 동선이 다소 불편하지만, 밖으로 나서면 전혀 다른 경험이 기다린다. 사우나 베드에 누워 산들산들 기분 좋은 산바람을 맞으며 외기욕을 즐기다 보면, 피부는 서늘해지고 가슴은 시원해진다. 몸이 차가워지면 다시 노천탕에 들어가 따뜻한 물에 몸을 맡긴다. 뜨거운 물에 잠긴 몸과 차갑게 식는 머리와 얼굴이 상쾌한 대비를 이루며 색다른 즐거움을 준다. 사우나실에서 희미하게 보이던 산세가 노천탕에서는 한층 또렷하게 다가와 마치 산속에서 직접 온천을 즐기는 듯한 기분이 든다. 이 노천 공간 덕분에 백두산천지온천은 단순히 몸을 씻는 목욕탕을 넘어 가야산 자락의 풍경과 계절의 변화를 함께 체험할 수 있는 온천으로 기억된다.

백두산천지온천의 매점

창선탕

옷장 대신 쓰는 빨간 플라스틱 바구니

❖ 주소　경남 남해군 창선면 창선로66번길 3

❖ 전화　055-867-1216

포인트가 되는 무채색 타일 벽면

경남 남해군에서 가장 넓은 면인 창선면에 위치한 높은 굴뚝이 있는 목욕탕이다. 목욕탕 굴뚝이 남아 있는 목욕탕이라 오래되고 낡았겠거니 하는 마음으로 문을 열고 탈의실과 욕실을 둘러보았다. 그런데 예상은 보기 좋게 빗나갔다. 리모델링한 지 얼마 되지 않은 듯 전반적으로 깔끔했다. 특히 욕실은 산뜻한 인상이었다.

목욕탕의 전형적인 타일색인 욕조 바닥의 하늘색 타일

창선탕 욕실 내부 전경

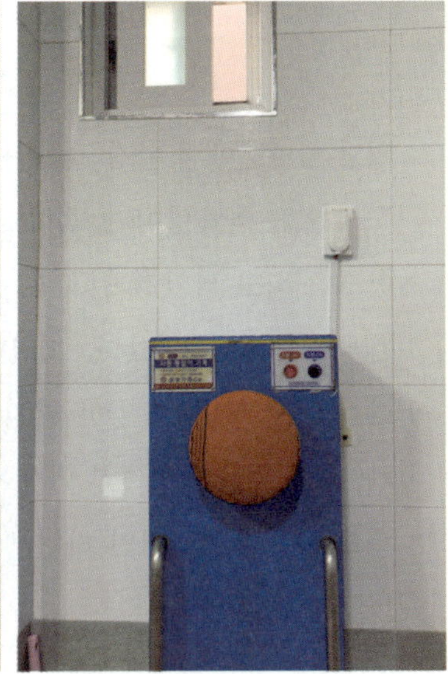

욕실 내에 설치된 등밀이 기계

과 벽면의 흰색 타일에 더해, 한쪽 벽면에는 검은색, 쥐색, 회색 타일로 포인트를 줘서 욕실의 분위기를 한결 밝게 만들어 주고 있었다. 밋밋해지기 쉬운 욕실 분위기를 색깔 타일이 절묘하게 살려냈다.

혼자 독차지하는 목욕탕, 그 호사

늦은 시간이라 목욕탕 안에는 나 혼자였다. 샤워를 마치고 온탕에 몸을 담갔다. 물이 미지근하다. 혹시 내가 오기 전에 개구쟁이 손님들이 찬물을 틀어놓고 놀다가 갔나? 그런 생각이 들어 옆 열탕에 발을 담가 보니 보통 목욕탕의 온탕 정도 온도다. 이 뜨겁지 않은 열탕에 몸을 깊숙이 담그고 있으니 절로 콧노래가 흘러나온다. 다행히 욕실에는 나 혼자뿐이라 콧노래가 좀 커져도 눈치 볼 일 없다.

게다가 다른 손님이 있을 때는 냉탕에 들어갈 때마다 꾹 참던 아저씨 소리도 마음껏 내뱉을 수 있다. 의외로 이게 너무나도 좋았다. 뜨거운 열탕은 아니지만, 그곳에서 몸을 데우고 냉탕을 오가는 것을 다람쥐 쳇바퀴 돌 듯이 반복하며 목욕을 즐겼다. 어지러울 정도로 기분이 좋아진다.

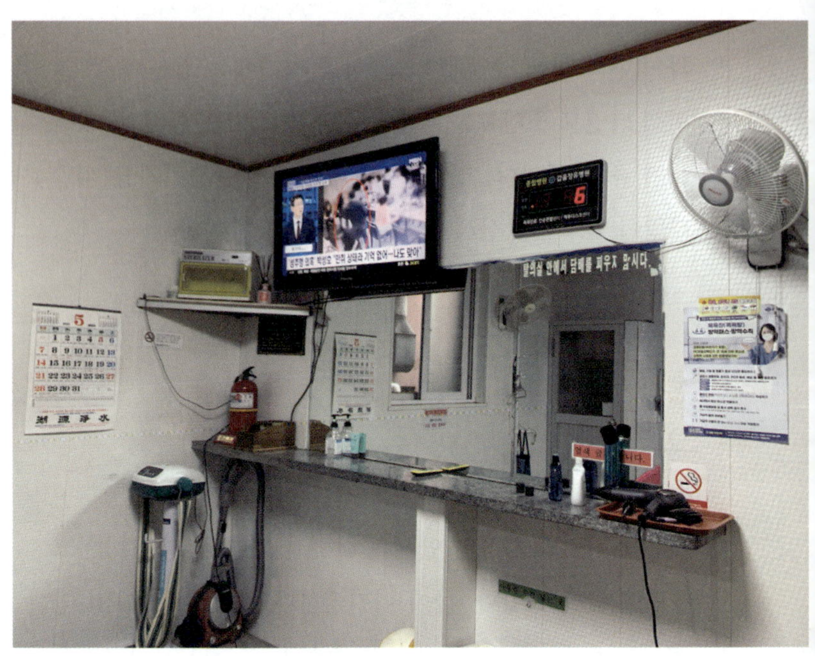

　한참 그렇게 혼자만의 목욕을 즐기고 있는데 손님 한 분이 들어오셨다. 독탕의 호사를 충분히 즐긴 뒤였기에 흔쾌히 그분께 목욕탕 독차지의 즐거움을 넘기고 탈의실로 나왔다.

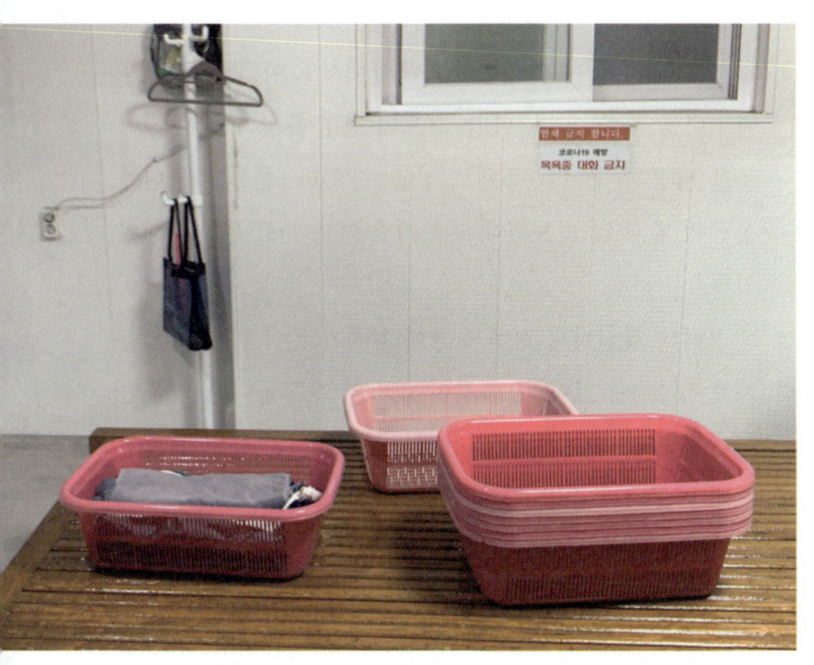

옷장 대신 사용하는 옷 바구니

탈의실의
사각 바구니

탈의실에 들어설 때부터 신경이 쓰이는 것이 있었다. 나무 평상 위에 플라스틱 사각 바구니들이 쌓여 있었는데 그 용도가 궁금했다. 그러던 차에 방금 들어온 손님의 옷가지가 그 바구니 안에 담겨 있는 걸 보고서 그 용도를 알게 됐다.

일본 교토에 있는 대부분의 목욕탕에서도 이런 옷 보관용 바구니를 볼 수 있다. 다만, 교토의 경우 옷장의 안이 깊어 옷을 담은 바구니를 통째로 넣을 수 있다. 물론 바구니를 옷장에 넣지 않고 보관대에 두기만 하는 어르신들도 제법 있다.

그런데 창선탕의 경우 옷장이 깊지가 않아 바구니를 통째로 넣을 수 없다. 요즘같이 고가의 핸드폰이 필수품인 시대에 이걸 누가 쓸까 싶은데, 방금 들어온 손님은 자연스레 바구니에 옷을 담아 둔 채 욕실로 들어가셨다. 우리나라 목욕탕에서는 처음 보는 것이어서 혹시 이 동네 목욕탕만의 특징일까 궁금했다. 물음표를 머릿속에 품은 채 목욕탕을 나섰다. 머릿속은 궁금증으로 개운치 않았지만 몸만큼은 가뿐하고 산뜻했다.

목욕합니다

앵화탕

한국 목욕탕의 역사 그 자체

❖ **주소** 경남 창원시 마산합포구 문화남1길 5

❖ **전화** 055-246-7180

❖ **목욕비** 8,000원

강화도 조약 이후 우리나라는 부산, 원산, 인천 등 주요 항구 도시들을 차례로 개항하였다. 이들 도시에는 일본인 거류지가 형성되었고, 일본인들에 의해 목욕탕도 만들어졌다. 이른 시기에 개항한 마산도 예외는 아니어서 1915년에 발행된 《마산안내》라는 책자에 따르면 마산 지역에는 6개의 목욕탕이 있었다고 한다.

이 6개의 목욕탕 가운데 하나가 지금까지도 운영되고 있다. 현재 주소는 경남 창원시 마산합포구 두월동 3가 1-1이며, 일제 강점기 당시 주소는 경정(京町) 3정목이다. 이곳은 개항기 때부터 목욕탕으로 사용되어 온 자리이며 그 목욕탕의 이름은 '앵화탕'이다.

벚나무 동네에서 따온
목욕탕 이름

경남 창원시 마산합포구 문화동과 두월동 일대를 흐르는 창원천 주변은 일제 강점기 당시 사쿠라마치(櫻町,벚나무 동네)라고 불릴 정도로 벚나무가 유명한 곳이었다. 이 천변 인근에 세워진 목욕탕은 벚나무 '앵' 자를 따 '앵탕'이라고 이름을 지었다. 여러 자료에 따르면 이후 앵화탕으로 이름

창원 소하천의 모습. 예전에는 이 근방을 벗나무 동네라고 불렀다.

을 바꾼 것으로 보인다.

처음 지어진 앵화탕 건물은 2층짜리 목조 건물로, 1층에는 남탕과 여탕이 각각 있고, 2층은 주인이 사는 생활 공간이었다. 이후 몇 차례의 철거와 재건을 거듭해 현재의 철근 콘크리트 3층 건물은 1980년대 중반에 새로 지어진 것이다.

오랜 세월 같은 자리를 지켜 온 동네 목욕탕답게 대를 이어 찾는 이들도 많다. 어떤 할머니는 태어날 때부터 돌아가실 때까지 평생 이 앵화탕만 다녔다고 한다. 100여 년이 넘게 같은 자리를 지킨 목욕탕이기에 가능한 이야기다.

좋은 물은 멀리 이사 간 손님도
찾아오게 만든다

수도가 제대로 갖춰지지 않았던 당시 앵화탕은 두 군데에서 물을 끌어다 썼다고 한다. 한 곳은 집 앞에 있던 우물이고, 다른 한 곳은 무학산 자락의 관음사 뒤편에 물관을 만들어 목욕탕까지 연결해 썼다고 한다. 지금은 지하수를 사용하는데 주변 지역이 개발되기 전에 판 것이라 오염되지 않고 깨끗하다고 한다. 피부 가려움증에 특히 효과가 좋다

앵화탕 욕실의 모습

고 하는데 거동이 가능한 분들은 이사한 뒤에도 일부러 이곳까지 찾아온다고 한다. 그래서인지 욕실 문을 드나드는 어르신끼리 서로 얼굴을 알아보고 인사를 나눈다. 오랜 세월 이 목욕탕을 이용한 단골일 것이다.

100여 년의 역사가 깃든 목욕탕이어서 그럴까? 욕조에 몸을 담그고 있는 단골 어르신들의 모습에서 일제 강점기 시절 이곳에서 목욕을 하던 그 당시 사람들의 모습이 겹쳐 보인다.

문화재로서의
보존

서울의 성수탕은 역사적 가치를 인정받아 서울미래유산으로 선정되었다. 일본에서도 건축적 가치가 있는 현역 목욕탕 7곳이 등록유형문화재로 지정되었다. 앵화탕도 단순한 목욕탕이 아니라 100년이 넘는 시간을 견뎌 낸 우리 생활 문화의 산증인이다. 늦기 전에 그 가치를 제대로 인정하고, 보존 방안이 마련되기를 바라는 마음으로 목욕탕의 모습과 굴뚝을 사진에 담았다.

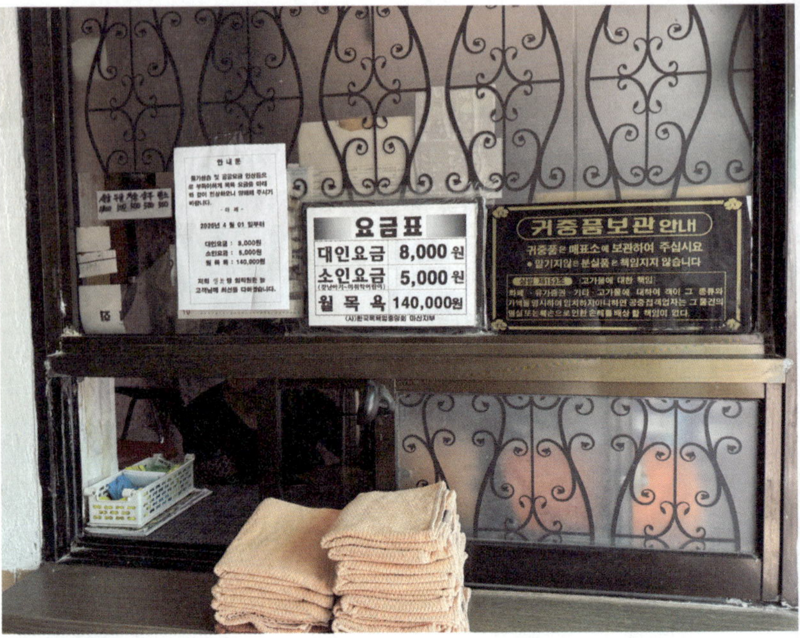

요금표
대인요금 8,000원
소인요금 5,000원
(갓난아기~어린학어린이)
월 목 욕 140,000원
(사)한국목욕업중앙회 아산지부
귀중품보관 안내
귀중품은 매표소에 보관하여 주십시오
● 맡기지않은 분실품은 책임지지 않습니다
상법 제152조 고가물에 대한 책임
화폐·유가증권·기타·고가물에 대하여 객이 그 종류와
가액을 명시하여 임치하지아니하면 공중접객업자는 그 물건의
멸실 또는 훼손으로 인한 손해를 배상 할 책임이 없다

하지정맥류는
클라리베인으로 치료하세요!
김창수 수외과
☎ 253-7532·3

국가 등록유형문화재로 지정된
일본의 대중목욕탕

일본에서 목욕탕 건물 중 그 건축적 가치를 인정받아 국가의 등록유형문화재로 지정된 건물은 약 20여 개가 된다. 현역 목욕탕으로 이용되고 있는 곳은 7곳이다. 등록유형문화재로 지정된 현역 목욕탕은 도쿄의 츠바메유(燕湯, 2008년 등록), 이나리유(稲荷湯, 2019년), 코스기유(小杉湯, 2020년), 교토부 마이즈루시의 와카노유(若の湯, 2018년), 히노데유(日の出湯, 2021년), 교토의 후나오카온센(船岡温泉, 2003년), 미에현 이가시의 이치노유(一乃湯, 2013년)이다. 일본을 여행할 때 이 지역을 지나갈 일이 있으면 방문해 목욕을 즐겨 보면 어떨까?

약수탕

시간이 켜켜이 쌓인 미륵도의 터줏대감

❖ **주소**　　경상남도 통영시 봉수로 65-1

❖ **전화**　　055-645-1053

❖ **정기 휴일**　　매주 목요일

❖ **목욕비**　　8,000원

오래전 지어진 건물과 시간이 멈춘 듯한 풍경이 남아 있는 동네는 어쩐지 안정감을 준다. 경남 통영시 미륵도의 자그마한 동네인 봉수골도 그런 곳이다. 통영은 남해안 방어의 요충지로, 조선 시대에는 삼도 수군통제영이 자리했던 군사 중심지였다. 이곳 미륵산 아래에는 통영의 봉수대가 있었고, 그 산자락에 자리한 마을이라 자연스레 봉수골이라 불렸다.

지금은 700여 미터 길이의 벚나무길을 따라 전혁림미술관, 아담한 카페, 독립서점이 어우러진 조용한 동네지만 여전히 세월의 풍경을 간직한 장소들이 남아 있다. 동네 목욕탕인 약수탕도 그런 곳 가운데 하나다.

동네 풍경에 스며든
목욕탕

아름드리 벚나무가 늘어선 약한 경사의 언덕길을 오르다 보면 중간쯤에 색이 바랜 '목욕합니다'라고 쓰여진 입간판이 보인다. 꽤 넓은 주차장에 들어서면 가장 먼저 눈에 들어오는 건 높게 솟은 목욕탕 굴뚝이다. 다른 목욕탕 굴뚝은 파란색과 흰색의 띠를 두른 것이 많은데, 이곳 굴뚝은 주홍색과 흰색의 띠가 교차하며 칠해져 있어서 그 독특한 색이 시선을 잡아끈다.

약수탕 건물은 베이지색과 아이보리색의 낮은 단층으로, 입구에는 삼각 지붕이 얹혀 있다. 삼각형 지붕 아래 적갈색 바탕에 흰 글씨로 적힌 '목욕합니다' 문구도 정겹다. 평평한 지붕에는 원형 간판 3개가 나란히 걸려 있고, 각각의 안에 '약', '수', '탕' 글자가 또렷하게 적혀 있다. 세월을 켜켜이 쌓아 온 외관은 옛날 영화의 한 장면에서 나온 듯한 느낌을 준다. 건물 양쪽으로는 야자수 나무가 자리하고 있어 남쪽 바닷가 마을 특유의 분위기를 더한다.

오랜 시간 목욕탕을 좋아해 온 사람이라면 입구만 보고도 '아, 여긴 진짜다' 하는 직감이 올 법한 곳이다.

어르신들의
목욕탕

건물 입구의 계단 옆에는 슬로프가 설치돼 있고, 남녀탕 모두 1층에 위치해 어르신들이 이용하기 편하다. 게다가 어르신들을 배려하는 안주인장의 마음 씀씀이가 아주 좋아서 동네뿐 아니라 먼 곳에서도 어르신들이 찾아온다. 그

카운터는 물론이고 목욕탕 곳곳에 세심한 안내문들이 붙어 있었다.

주차장으로 들어가기 전 대문 옆에
다소곳이 서 있는 목욕탕 간판

출입문 옆에 빼곡한 목욕 바구니들

러다 보니 사건 사고도 종종 생긴다. 탈의실과 욕실 곳곳에는 어르신들의 안전을 걱정하는 안내문이 붙어 있다.

실제로 목욕탕은 노인들에게 위험한 공간이기도 하다. 물기를 머금은 바닥에 미끄러져서 넘어지거나 욕조 턱에 부딪히는 사고가 많이 일어난다. 목욕 중 흔히 일어나는 또 다른 사고는 뜨거운 물로 인한 화상이다. 노인의 피부는 얇고 감각이 둔해 뜨거운 물의 온도를 제대로 느끼지 못하는 경우가 많다. 특히 당뇨병을 앓고 있는 경우 온도 변화에 둔감해져 저온 화상을 입기도 한다. 뜨거운 물은 혈압에 영향을 주어 심혈관에 무리를 줄 수 있으므로 고혈압이나 심장 질환이 있는 노인은 목욕 중 각별한 주의가 필요하다. 몸이 노곤해져 편안함을 느끼다 잠이 들거나 어지럼증을 느낄 수도 있어 어르신들에겐 목욕탕이 위험한 공간이 될 수 있는 것이다. 이 문구를 본 이후로, 열탕에 오래 계신 어르신을 무심한 듯 그러나 주의 깊게 지켜보는 습관이 생겼다.

특히 눈길을 끌었던 문구.
'젊은 분들께 도움을 부탁드립니다. 열탕온탕에 오래 계시는 할아버지, 할머님이 계시
면 주의깊게 살펴주세요. 탕안에서 꾸벅꾸벅 졸거나 쓰러지시면 탕밖으로 모시고
카운터에 빨리 연락주시면 감사하겠습니다.'

또 다른 단골,
등산객

약수탕의 오전 손님이 어르신들이라면, 오후에는 등산객들이 주를 이룬다. 미륵산을 오르면 한려수도의 푸른 풍경이 한눈에 들어오고, 등산 코스도 어렵지 않아 등산객이 많다. 그래서 산행을 마친 뒤 미륵산 아래에 있는 약수탕으로 발걸음을 옮기는 이들이 적지 않다. 등산 뒤 온탕에 들어가면 몸 구석구석이 데워지며 손끝, 발끝까지 편안해지는 기분이 든다. 아마도 혈액 순환이 활발해지면서 뭉쳤던 근육뿐 아니라 굳어 있던 마음까지 풀리기 때문일 것이다.

특히 약수탕에는 쑥탕이 있어 이곳을 찾는 이들에게 인기다. 이곳의 쑥탕은 목욕탕 주차장 주변에서 직접 뜯은 쑥이나 대구 약령시장에서 배달해 온 쑥을 사용한다. 쑥을 넣으면 물이 은은하게 탁해지면서도 특유의 풋풋한 향이 욕탕 안에 가득 퍼진다. 뜨끈한 쑥탕에 몸을 담그면 등산으로 굳었던 근육들이 스르르 풀어지는 게 느껴진다. 기분 좋은 뜨거움과 쑥향이 뒤섞인 공간에서 피로도, 근심도 잠시 내려놓는다. 노곤노곤해져 오는 게 기분 좋다. 이 향과 온기, 그리고 오래된 벽타일에 스며든 시간의 냄새까지, 목욕탕 애호가라면 이보다 더 좋을 수 없는 곳이다.

뜨거운 물 냄새와 함께 퍼지는 쑥향을 맡으면 마음까지 건강해지는 느낌이 든다.

약수탕의 욕실 전경

목욕탕 음료,
남탕에서도 가능!

남탕 출입구로 들어가는 통로의 벽 한쪽에는 받침대가 있는 작은 구멍이 하나 뚫려 있다. 카운터와 연결된 이 작은 구멍을 통해 커피, 식혜 같은 찜질방에서나 맛볼 수 있던 음료수를 전달 받을 수 있다. 지금까지 수많은 목욕탕을 다녔지만 이런 걸 설치해 둔 곳은 약수탕이 처음이다.

여탕에는 '목욕탕 바리스타'나 '커피 이모'로 불리는 분이 있어 얼음 가득 채운 플라스틱 물통에 목욕탕 커피, 감식초, 식혜, 매실차 등 다양한 음료를 제조해 판매한다고 한다. 목욕탕을 고를 때 세신사의 실력만큼이나 커피 이모의 손맛도 중요하다는데, 남탕에는 없어서 늘 부러웠다. 그런데 약수탕은 남탕도 이런 음료를 맛볼 수 있다. 목욕 요금을 내며 음료를 주문하면 안주인이 색색의 빨대가 꽂힌 플라스틱 물통에 음료를 담아 전달창으로 건네준다. 목욕을 하다가 카운터를 향해 큰 소리로 주문하는 손님도 있다. 얼음 가득한 목욕탕 커피 한 잔이면 뜨거운 열탕도, 땀이 쏟아지는 사우나도 오래 버틸 수 있다. 약수탕을 찾게 된다면, 꼭 음료를 한 번 주문해 보시길 권한다. 탕 안에서 마시는 커피 한 모금은 색다른 맛과 재미를 준다.

주문한 음료를 받을 수 있는
전달창과 주문한 간식들

청수탕

통영의 작은 항구 옆 목욕탕

❖ **주소**　　경상남도 통영시 정동4길 46

❖ **전화**　　055-641-3346

❖ **정기 휴일**　　매주 화요일

❖ **목욕비**　　8,000원

청수탕은 통영의 작은 항구에 자리한 목욕탕이다. 그린파크모텔과 같은 건물에 있는데, 외지에서 온 선원들이 모텔에 머물며 이 목욕탕을 이용하는 것이 아닐까 하는 생각이 들었다. 고된 뱃일을 마치고 지친 몸을 이 목욕탕의 뜨거운 욕조에 담그고 피로를 풀지 않을까? 이런 상상을 하게 된 건 통영의 밤바다를 수놓은 집어등을 단 배들을 보고 새벽녘 작은 항구로 들어오는 배들을 본 뒤 이른 아침부터 욕실을 채우던 건장한 체구의 사내들을 보았기 때문인지도 모른다.

이 목욕탕은 욕실 한가운데에 길이 2미터 남짓한 바가

붉은 벽돌로 둘러싸인 카운터와 남탕 표지판

지탕이 놓여 있다. 그리고 그 뒤로는 벽을 따라 열탕과 옥탕이 나란히 자리하고 있다. 옥탕 옆에는 작은 사우나실이 하나 있고, 열탕 옆에는 해수 냉탕이 있다. 열탕과 냉탕의 테두리가 맞닿아 있어서 오가기 편하다. 그래서 사우나보다 열탕과 냉탕을 번갈아 드나들며 목욕을 즐겼다.

좁은 욕실의
알찬 활용

긴 해수 냉탕의 한쪽에는 유리로 된 가벽이 있다. 알루미늄 프레임을 세우고 그 사이에 유리를 끼워 넣은 것인데, 프레임에 입식 샤워기가 7개 정도 설치되어 있었다. 이 덕에 해수 냉탕도 길게 만들 수 있었던 것 같다. 좁은 욕실을 아주 알차게 활용하였다. 또 이 유리 가벽이 차단벽 역할을 해서 냉수 폭포를 사용해도 물이 밖으로 튀는 것을 막아 준다. 일본 드라마 《사도》에서 본 어느 목욕탕처럼 '이 냉탕에서는 수영을 해도 됩니다'라는 문구만 있었더라면 나도 멋지게 수영을 했을 텐데. 아쉽게도 그런 문구는 없어서 그냥 조용히 해수 냉탕에 앉아 냉온욕을 즐겼다.

굵직한 사각형 모양이 독특한 청수탕의 목욕탕 굴뚝

사각형의
목욕탕 굴뚝

통영의 동피랑과 서피랑 근처를 걷다 보면, 곳곳에 높다란
원기둥 형태의 목욕탕 굴뚝들이 제법 눈에 띈다. 그런데
이 청수탕만큼은 목욕탕 굴뚝이 낮은 네모반듯한 사각형
이다. 짧은 굴뚝의 네 면에는, 옛 간판에서 본 듯한 세로획
이 굵은 글씨체로 '청수탕'이라는 글자가 세로로 써 있다.

전국 목욕탕 탐방

독특한 글씨체와 사각형 굴뚝이 청수탕을 더욱 특별하게
만드는 또 다른 매력 포인트다.

목욕 후 마주한
바다의 풍경

해가 떠오르기 직전 바다와 맞닿은 하늘은 다양한 농도의
붉은 띠로 물들어 있다. 밤 조업을 마친 어선 한 척이 잔잔
한 바다를 가르며 항구로 들어오고, 이를 반기듯 갈매기
여러 마리가 끼룩끼룩 소리를 내며 바다 위를 날고 있다.
목욕탕으로 향하는 길에 이런 풍경을 감상할 수 있는 곳이
과연 또 얼마나 있을까?

용호탕

하루 두 번하는 월목욕

❖ **주소**   경남 함양군 함양읍 용평중앙길 38

❖ **전화**   055-963-1590

❖ **정기 휴일**   둘째, 넷째 목요일

❖ **목욕비**   7,000원

요 금 표

목 욕	7,000원
4세 미만	4,000원
월목욕	110,000원
하루2번 월목욕	130,000원
목욕티켓(20장)	120,000원

목욕 요금표에 월목욕 비용이 안내되어 있다.

예전에는 주택가, 재래시장, 자취생 많은 대학교 근처, 큰 역이나 버스 터미널 등 사람이 많이 모이는 곳에는 꼭 대중목욕탕이 세워졌다. 용호탕은 지리산함양시장 초입 도로변에 자리 잡은 용호모텔과 함께 운영되는 대중목욕탕으로 오랜 세월 동안 시장 상인들의 쉼터가 되어 온 곳이다.

경남 함양군 함양읍 중심가에 위치한 지리산함양시장은 함양 지역의 대표 재래시장이다. 상설전통시장으로 매일 문을 열지만 2일과 7일이 들어가는 날이면 오일장이 서서 많은 사람들이 몰려든다. 이 시장의 상인들이 바로 용호탕의 단골손님이다.

욕실 내부 모습

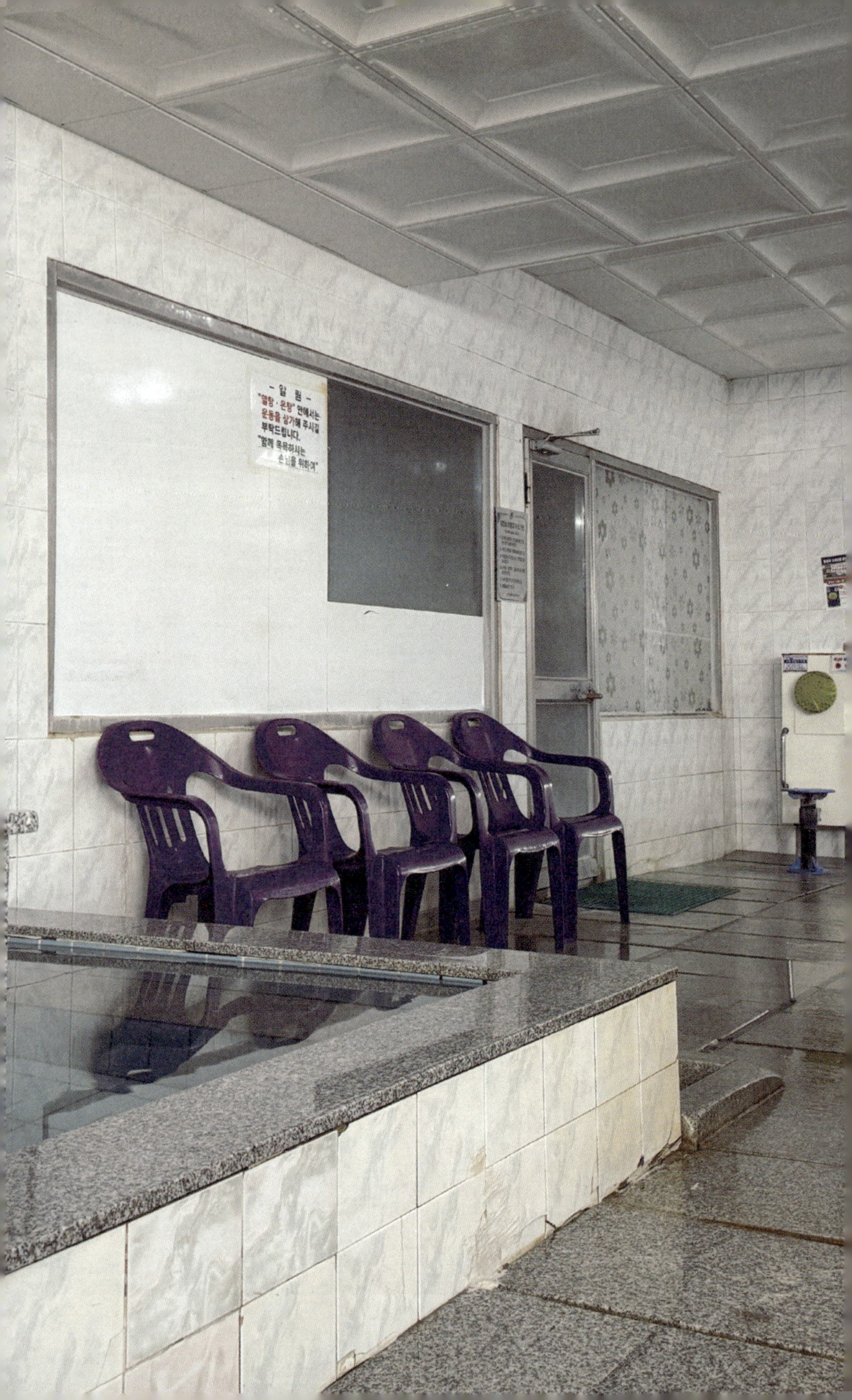
- 알 림 -
"열탕·온탕" 안에서는
운동을 삼가해 주시길
부탁드립니다.
"함께 목욕하시는
손님을 위하여"

폭 포 수
스위치

하루 두 번
월목욕

전통시장 상인들의 하루는 새벽에 시작해 해가 저물 때까지 이뤄진다. 무거운 짐을 나르고, 상품을 진열하고, 가격을 흥정하느라 쉴 틈 없이 손님을 상대하며 고된 일과를 보내는 이들에게 목욕탕은 몸과 마음의 피로를 풀 수 있는 소중한 공간이다. 그래서 용호탕에는 한 달 동안 매일 두 번씩 목욕탕을 이용할 수 있는 '하루 두 번 월목욕'이라는 독특한 요금제가 있다. 월정액(13만 원)을 내고 하루 두 번, 새벽과 저녁에 목욕하는 것이다.

새벽 이른 시간, 잠에서 덜 깬 몸을 이끌고 목욕탕에 들르면 뜨끈한 물과 비누 거품이 몸의 긴장을 풀어 주고 새로운 하루의 활력을 채워 준다. 그리고 시장이 끝난 늦은 오후, 땀에 전 옷을 벗고 뜨거운 물에 몸을 담그면 쌓인 피로가 스르르 녹아내린다.

카운터에 앉아 있는 안주인장은 단골의 얼굴과 월목욕 기한을 다 기억한다. 얼굴만 보고 수건 두 장을 내어 주며 "왔어요" 인사를 건네는 정겨운 풍경. 목욕권을 주고받는 절차 같은 건 없다. 서로 얼굴 보고 아는 이들끼리 오가는, 오래된 약속 같은 일상이다.

단골들을 위한 인스턴트커피

플라스틱 바구니에
허물 벗듯

고된 하루 일과를 끝내고 찾은 목욕탕, 하루 종일 장터를 누빈 상인들의 옷에서는 땀과 햇살, 재래시장의 냄새가 뒤섞여 난다. 이런 옷을 다른 손님들이 사용하는 옷장에 같이 둘 수 없어 대개 플라스틱 바구니에 옷을 허물 벗듯 벗어 넣는다. 목욕을 마치면 새 옷으로 갈아입고, 하루의 피곤이 물들어 있는 입던 옷은 챙겨 돌아간다. 그렇게 시장 상인의 긴 하루가 끝난다. 그리고 목욕탕에서 충전한 에너지로 또 다음 날을 준비하는 것이다.

오늘은 장이 서는 날이다. 점심 무렵 들른 목욕탕에는 어르신 몇 분만이 뜨거운 물에 몸을 담그고 계시거나 때를 밀고 있다. 30도를 넘나드는 더위 속, 에어컨 하나 없이 장터에서 일하는 상인들은 이 시각쯤이면 온몸이 땀범벅일 것이다. 사우나 벤치에 앉아 땀을 식히며 내가 있는 공간에 시간은 달리하지만 새벽에 들러 간단히 씻고 간 이들, 그리고 곧 피곤한 몸을 이끌고 찾아올 상인들의 모습을 떠올려 본다. 그들의 고된 하루와, 그 하루를 끝내며 몸을 씻는 작은 평온에 조용히 마음속으로 응원을 보낸다.

왕림탕

경 상

비췻빛 욕실을 품은 한옥 목욕탕

❖ **주소**　　경북 경주시 봉황로110번길 5-2

❖ **전화**　　054-749-0345

❖ **정기 휴일**　　매주 목요일

❖ **목욕비**　　4,500원

1985년에 문을 연 왕림탕은 몇 차례 내부 리모델링을 거쳤지만, 외관은 여전히 전통 한옥 형태를 유지하고 있어 독특한 매력을 지니고 있는 목욕탕이다. 왕림탕 주변은 옛 골목길의 정취가 고스란히 남아 있다. 두 사람이 나란히 걸으면 딱 맞는 좁은 골목에는 호박넝쿨이 담을 타고 오르고, 대추가 주렁주렁 열린 나뭇가지가 길 위로 뻗어 있다. 표구사, 가전제품 수리점 같은 오래된 가게들이 여전히 자리를 지키고, 그 사이로 새로 들어선 카페와 베이커리가 공존한다. 빼곡한 단층 주택들이 미로 같은 풍경을 이루는

골목에서 전통 한옥으로 지어진 목욕탕을 만나게 되니 한 층 이색적으로 다가온다. 그래서 왕림탕을 제대로 즐기려면 인근의 계림초등학교를 출발점 삼아 왕림탕의 굴뚝을 목표로 골목을 헤매 보는 것이 좋다.

일본 목욕 문화 탐방가
마쓰모토 고지의 기록

왕림탕을 처음 알게 된 것은 일본인 목욕 문화 탐방가 마쓰모토 고지(松本康治)의 기록을 통해서였다. 그는 '간사이의 노포 목욕탕(関西の激渋銭湯)'이라는 사이트를 운영하며 일본뿐 아니라 중국, 대만, 한국의 목욕탕까지 소개하는데, 2008년 이곳을 방문하고 남긴 글이 있다. 그의 글을 보면 가장 먼저 놀란 것은 입구에 걸린 포렴이었다. 남탕에는 파란색, 여탕에는 빨간색 포렴이 걸려 있는데, 일본식 포렴을 한국 목욕탕에서 보는 것은 드문 일이라 인상 깊었다고 한다. 그러나 진짜 놀라움은 욕실에서 시작되었다.

그는 욕실에 들어서자마자 처음 보는 광경에 깜짝 놀랐다고 한다. 욕실 바닥에는 비취처럼 청록색이 감도는 돌이 빈틈없이 깔려 있는데, 그 돌들은 결이 곱고 축축한, 흔히

왕
림
탕

보지 못한 것이었다고 한다. 또한 바닥뿐만 아니라 욕조와 샤워기가 있는 벽까지 전부 이런 돌로 덮여 있어 욕실 전체가 옅은 비취색으로 물들어 있는 것처럼 보였다는 것이다. 중앙에 위치한 바가지탕도 초록빛 돌로 만들어져 있어 그는 들어서는 순간 그만 넋을 잃고 바라보았다고 말한다.

욕실 오른쪽에는 두 개의 욕조가 나란히 있고 앉는 단이 붙어 있는데, 마쓰모토 고지의 말에 따르면 이 앉는 단은 오사카식이라고 한다. 이 역시 테두리부터 바닥까지 전부 초록빛 돌로 마감되어 있다.

그의 말처럼 욕실은 바닥부터 욕조, 건식 사우나까지 옥돌로 되어 있다. 옥돌 사우나, 옥돌 욕조는 드물지 않지만 욕실 바닥과 벽면까지 모두 옥돌로 된 목욕탕은 아마 이곳뿐일 것이다.

모든 예상을 빗나가는
목욕탕 이모저모

왕림탕은 내게도 놀라움을 주었다. 우선 굴뚝이다. 건물 옆에는 '왕림탕' 네온사인이 걸린 굴뚝이 서 있는데, 벽돌 마감으로 한 목욕탕 굴뚝 중 왕림탕처럼 크고 높은 굴뚝은 본 적이 없다. 건물 옥상이 아니라 지면에서 곧장 솟아오른 그 모습은 마치 잘 만든 조형물 같은 인상을 준다.

가격도 놀랍다. 행정안전부 지정 '착한가격업소'로, 요금이 4,500원에 불과하다. 지자체가 운영하는 공영 목욕탕과 비슷한 수준이다. 주변에 오래된 주택이 많아 목욕탕이 꼭 필요한 주민들을 위해 저렴한 가격을 유지한다고 한다.

고도 경주에 자리한 한옥 목욕탕답게 욕실 곳곳에는 예스러운 멋이 배어 있다. 욕실 입구에는 깨끗한 물을 담은 커다란 항아리가 놓여 있어 목욕을 마치고 몸을 헹굴 수

냉탕 안팎에서 디딤돌 역할을 하는 맷돌 모양의 돌

있도록 했다. 그 옆의 냉탕에는 맷돌 모양의 돌을 욕조 안팎에 두어 계단처럼 오르내릴 수 있게 했다. 냉탕의 벽에는 바이올린, 파이가 담긴 접시, 악보와 꽃이 그려진 그림 타일이 붙어 있다.

삼성기계공업사의 자동 등밀이 기계 앞에 놓인 의자도 예사롭지 않다. 석재로 만든 원형 의자의 옆면에는 두 마리의 학, 잉어 등이 새겨져 있다. 예전의 습식 사우나에는 거북이 조각상에 증기를 내뿜는 장치가 있어 운치가 있었는데, 지금은 조각상만 남아 있어 아쉬움을 남긴다.

욕실 한쪽에는 신비스러운 공간도 있다. 폭 1미터가 채 안 되는 좁은 공간에 1인용 평상이 놓여 있고, 천장의 녹색 판넬을 통해 들어온 햇빛이 공간 전체를 은은한 초록빛으로 물들인다. 평상에 누우면 마치 숲속 그늘에서 쉬는 듯한 기분이 든다.

왕림탕은 한옥 외관과 옥돌로 마감된 욕실, 그리고 세월이 만든 골목 풍경이 어우러져 경주에서만 만날 수 있는 특별한 목욕탕이라고 할 수 있다. 단골에게는 익숙한 일상의 풍경일 수도 있지만 낯선 이에게는 새로운 체험의 공간이 되는 곳이다.

서울목욕탕

여관을 개조해 만든 억지춘양의 유일한 목욕탕

❖ **주소**　　경북 봉화군 춘양면 의양로 27

❖ **전화**　　054-672-3030

❖ **정기 휴일**　　매주 수요일

❖ **목욕비**　　7,000원

경북 봉화군의 한가운데에 위치한 춘양면에는 '서울목욕탕'이 있다. 춘양면에서 하나뿐인 목욕탕으로 40여 년째 한자리를 지키고 있다. 경북 봉화에 있는 목욕탕 이름이 왜 서울목욕탕일까?

목욕탕이 들어서기 전 이곳에는 '서울식당'과 '서울여관'이 있었는데, 식당과 여관이 문을 닫은 후에도 간판을 이어 '서울목욕탕'이라 이름을 붙였다고 한다. 서울목욕탕은 5일장이 서는 억지춘양시장과 강릉, 동해, 태백 등 각지에서 오는 상인과 손님들이 이용하는 춘양역 사이, 장사로는 더할 나위 없는 자리에 있다. 지금도 장날이 되면 많은 이들이 서울목욕탕에 들러 몸을 씻는다.

시부모님에서
며느리로 이어져 내려온 가업

이곳은 여관을 개조해 만든 탓에 구조가 조금 독특하다. 1층의 출입구에서 이어지는 긴 복도를 따라 카운터와 남탕 및 여탕 출입구가 있다. 남탕과 여탕 출입구 사이에는 목욕하는 일러스트가 그려진 가림막이 걸려 있다. 세월이 무색할 만큼 청결하게 관리된 복도에는 반질반질 윤이 나는

잘 정리된 탈의실의 모습

목욕 바구니 전용 사물함

식물이 담긴 화분들이 놓여 있고, 벽에는 여러가지 장식품이 걸려 있어 단출하지만 단정한 인상을 준다. 목욕 요금을 치르기 위해 만 원짜리 지폐를 내니 주인은 빳빳한 천 원 지폐 세 장을 건넨다.

오래된 시골 목욕탕이라 규모는 크지 않다. 탈의실과 욕실은 모두 작지만 온탕과 냉탕, 사우나실은 물론 자동 등밀이 기계까지 갖추어 있을 건 다 있다. 그리고 모든 공간이 깨끗하다. 탈의실 한켠에는 단골들이 쓰는 목욕 바구니를 보관할 수 있는 작은 사물함도 마련되어 있다. 구석구석의 모든 곳에서 주인의 세심함이 드러난다.

소박하지만 청결하게 유지해 온
지역의 작은 쉼터

목욕을 마치고 안주인장과 몇 마디를 나누어 보았다. 원래는 시부모님이 운영하시던 곳인데, 몇 해 전 두 분 모두 건강이 나빠지면서 잠시 도와주러 온 것이 지금까지 이어졌다고 한다. 대화의 대부분은 청결에 관한 이야기였다. 영업을 마친 뒤 매일 꼼꼼히 청소하는 것은 기본이고, 여름철에는 한 달 정도 휴업을 하며 대대적으로 수선과 보수를

내부 욕실의 전경

한다고 했다. 큰돈을 들여 리노베이션을 할 수는 없지만 청결만큼은 놓치지 않겠다는 안주인장의 마음이 목욕탕 공간 곳곳에 고스란히 드러난다.

서울목욕탕은 규모도 크지 않고 특별한 시설이 있는 것도 아니지만, 청결을 최우선으로 삼는 주인의 태도 덕분에 오랜 세월 신뢰를 얻으며 자리를 지켜 왔다. 장날이면 여전히 손님들로 붐비는 풍경 속에서, 이 목욕탕은 지역 공동체의 작은 쉼터로 살아남아 있다.

칠곡군의 목욕탕

왜관역 주변의 오래된 목욕탕들

❖ 주소		경북 칠곡군 왜관읍 중앙로5길 19
❖ 전화		054-971-0991

❖ 주소		경북 칠곡군 왜관읍 관문로 46
❖ 전화		054-973-5600
❖ 정기 휴일		없음
❖ 목욕비		7,000원

❖ 주소		경북 칠곡군 왜관읍 전원1길 11
❖ 전화		054-973-0220
❖ 정기 휴일		두 번째 화요일
❖ 목욕비		7,000원

왜관역 인근에는 경부선과 대구경북선 철로를 따라 3곳의
목욕탕이 남아 있다. 이곳은 외관만 보아도 세월의 흐름을
느낄 수 있고, 내부는 여전히 지역 고유의 목욕 문화를 유
지하고 있다.

목욕탕 굴뚝으로 구분되는
지역 색깔

전국의 목욕탕을 탐방하고 지역별 특색을 기록한다고 하
면 대부분은 '목욕탕이 거기서 거기지, 뭐가 다르냐'고 묻
는다. 그럴 때 가장 먼저 예로 드는 것이 바로 목욕탕 굴뚝
의 차이다.

경상도 지역은 철근 콘크리트로 만든 매우 높은 원형의
굴뚝이 흔한 반면, 수도권, 충청, 전라 지역은 적갈색 벽돌
을 쌓아 만든 낮고 네모난 굴뚝이 주를 이룬다. 또 경상남
도 서부 지역에서는 옷장이 아닌 플라스틱 바구니에 옷가
지와 소지품을 담아 보관하는 곳이 많다.

물론 목욕탕이 지어진 시기에 따라 차이가 나기도 하지
만, 지역의 뚜렷한 특색을 발견하면 목욕탕 탐방가로서 노
다지를 캐낸 듯한 기쁨을 느낀다.

수부실이라는 표현이 낯설다.

칠곡에서 만난 '수부실'과
'이용소'

경북 칠곡군에서 들른 몇몇 목욕탕에서는 '수부실'과 '이용소' 같은 낯선 용어를 접하며 또 다른 발견을 한 것 같아 기뻤다. 칠곡군을 포함한 경북 일부 지역에서는 매표소나 카운터 대신 수부실이라는 표현을 사용한다. 사전에서 찾아보니 수부(受付)는 '접수'라는 뜻이 있는 단어다. 그렇지만 수부실이라는 용례는 없다. 한편, 이용소는 이발소, 이용원과 같은 뜻으로 실제 사전에 등재되어 있으나 이용원이라는 단어에 익숙한 나에게는 다소 생소하게 느껴졌다.

목욕을 마치고 나오는 길에 수부실에 계신 직원에게 "수부실이 무슨 뜻이냐"고 물어보았다. 그러자 "표 파는 곳 아니냐"며 당연한 걸 왜 묻느냐는 눈빛으로 쳐다본다. 다른 목욕탕들도 다 그렇게 부른다고 덧붙였다. 그 자연스러운 대답에서 이 지역만의 언어로 오래도록 사용되어 왔음을 알 수 있었다.

새왜관목욕탕

1973년 지어진 건물로, 긴 세월을 견뎌 온 아우라가 외관에서부터 느껴진다. 건물 전면에 붙여 놓은 적벽색 타일은 군데군데 떨어져 있고, 측면의 페인트는 여러 겹 벗겨져 있다. 현재는 여탕만 운영되고 있어 내부를 둘러보지는 못했지만, 옛날 욕실의 모습을 고스란히 간직하고 있을 것 같다. 그리고 우리나라에서 보긴 힘든 철제 원형 굴뚝이 남아 있었다.

새왜관목욕탕은 여관과 함께 운영되고 있다.

세강목욕탕사우나

평일 오전에 찾아가 건물 외관을 사진으로 담으려고 하는데, 한 손에는 목욕 바구니, 다른 한 손에는 양산을 든 여자 손님들이 끊임없이 나온다. 동네 주민들에게 인기가 많은 목욕탕인가 보다.

입구에 있는 매표기를 통해 입욕권을 발급받은 뒤 남탕이 있는 2층으로 올라갔다. 복도와 남탕 입구에는 '수부실에서 입욕권을 구입 후 입탕하세요', '목욕하실 분은 쿠폰을 소지하신 분도 1층 수부실에서 입욕권으로 교환하신 후 입탕 부탁합니다'라는 안내문이 붙어 있었다.

남탕에도 손님들이 많았는데 학생처럼 보이는 이용자도 있었다. 아마 헬스장에서 운동을 하고 목욕하러 들린 것 같다. 옷장들 사이로 헬스복이 걸려 있는데, 여기서 헬스복으로 갈아입고 운동을 하러 가는 시스템인가 보다.

욕실은 꽤 넓은데, 보기 드문 팔각형의 입식 샤워대가 있다. 욕실의 정중앙에 석재로 만든 투박하게 보이는 사각형 큰 욕조가 있는데, 열탕과 온탕으로 나뉘어져 있다. 그 뒤로 아주 긴 냉탕이 있다. 사우나실은 3개나 있고 사우나 의자도 있으며 충실한 냉탕이 있어서 사우나를 즐기기에 좋다.

사랑 미용실
세강탕
최신사우나시설완비
세강 사우나
외부차량 주차금지
CCTV 녹화중

사용하신 헬스복은
아래장 바구니안에 담아주세요

혜성목욕탕

수부실에서 요금을 내고 남탕이 있는 2층으로 올라갔다. 생각보다 넓은 탈의실에는 짙은 감청색 옷장이 벽면을 따라 배열되어 있다. 일반적으로는 위아래가 같은 크기로 나뉜 옷장이 대부분인데, 이곳은 위가 길고 아래가 짧은 구조의 옷장도 있어 선택의 폭이 넓다.

욕실에서는 트로트 음악이 크게 흘러나오고 있었다. 세신실 벽면에 놓인 스피커를 통해 연신 흘러나오는 음악이 세신사들의 노동요처럼 들렸다. 욕실에는 나 혼자뿐이고 조용히 목욕을 즐기고 싶었던 터라 조금 아쉬웠다. 냉탕 벽면에는 나이아가라 폭포로 보이는 벽화가 그려져 있는데 그 아래에는 제작 업체의 상호와 전화번호가 쓰어 있었다. 지금까지 여러 목욕탕을 다녀 봤지만 벽화에 제작자 정보가 명시된 것은 처음 본다. 혜성목욕탕에도 사우나실이 세 곳 있는데, 그중 하나는 현재 사용하지 않고 사우나 베드만 놓여 있었다. 건식 사우나실에는 텔레비전을 볼 수 있게 설비가 되어 있는데 스피커를 달아 놓아 똑똑하게 텔레비전 소리가 들린다. 이렇게 음향 시설과 함께 텔레비전을 설치한 것은 세강목욕탕사우나도 마찬가지인데, 이것도 칠곡군 목욕탕의 특색인가? 또 궁금증이 더해진다.

짙은 청색 옷장이 재미있다.

혜성목욕탕의 냉탕 벽면을 장식한 나이아가라 폭포 벽화

충청 6탕

금산탕

금산천변의 느긋한 정취

❖ **주소**　　충남 금산군 금산읍 금산천길 88

❖ **전화**　　041-754-2193

❖ **정기 휴일**　　둘째. 넷째 화요일

❖ **목욕비**　　8,000원

금산천변의 금빛시장 입구가 보인다.

금산탕은 금산천변, 금빛시장 인근에 자리 잡고 있다. 금산천이 내려다보이는 길가에 차를 세우고 내리려는데, 목욕탕 건물 앞에서 안주인으로 보이는 분이 빗자루로 주변을 쓸고 있었다. 남탕에는 남편으로 보이는 분이 수건을 개고, 틈틈이 욕실로 들어와 목욕 의자와 바가지를 정리하고 있었다. 오래된 동네 목욕탕 특유의 느긋한 정취 속에서 주인 부부의 손은 바삐 움직이고 있어서 인상적이었다. 그래서인지 욕실 내부도 잘 정돈되어 있고 구석구석 깔끔하다.

금산탕 전경. 이날은 날이 흐렸다.

욕조에 담긴
금빛 물

욕실은 중앙에 사각기둥을 기준으로 왼쪽에는 열탕, 오른쪽에는 온탕과 냉탕, 자수정 사우나가 나란히 있다. 시설은 최근에 어느 정도 리모델링을 한 듯 보였다. 열탕과 온탕은 디딤대와 턱이 넓고 투박하게 보이는 정사각형 욕조인데, 마치 서로 사이가 좋지 않은 듯 거리를 두고 떨어져 있다.

온탕의 욕조는 투박한 석재로 만들어졌지만 바닥에는 금빛이 도는 타일이 깔려 있어 물 전체가 황금빛으로 반짝인다. 욕조에 몸을 담그고 있으면 마치 황금물에 목욕하는 듯한 기분이 든다. 고대 이집트의 파라오들도 이런 기분을 만끽했을까?

냉탕 벽에는 중동풍 의상을 입은 여인의 그림 타일이 붙어 있다. 긴 머리를 늘어뜨린 여인이 한쪽 어깨에 물항아리를 얹은 채 물을 붓고 있는 모습이다. 황금빛 욕조에서 고대 이집트의 파라오를 떠올렸기 때문일까? 문득 고대 이집트에서는 저렇게 여인들이 일일이 물항아리로 물을 길어 욕조를 채웠겠지 하는 생각이 들었다. 괜스레 미안한 마음도 함께 따라왔다.

일본식 철제 굴뚝이 인상적이다.

동그란
철제 굴뚝

이곳에서 특히 눈길을 끄는 건 굴뚝이다. 우리나라의 대중 목욕탕은 보통 적벽돌 사각형 굴뚝이나 철근 콘크리트로 만든 둥근 굴뚝이 대부분인데, 금산탕에는 일본 대중목욕탕에서 볼 법한 지름이 작은 철제 굴뚝이 솟아 있다. 국내에서는 보기 드문 형태다. 정성스럽게 목욕탕을 지키고 있는 주인 부부와 이 굴뚝 덕분에 금산탕은 오래 기억에 남을 것 같다.

성환목욕탕

멋진 노부부와 함께 품위 있게 익어 가는 목욕탕

❖ **주소**　　충남 천안시 서북구 성환읍 성환9길 11-6

❖ **전화**　　041-581-2520

행정안전부에서 관리하는 지방 행정 인허가 데이터에 따르면 천안시에 있는 성환목욕탕은 1958년 11월에 영업 허가가 난 목욕탕이다. 정부 공식 기록으로만 보면 1956년 영업 허가를 받은 여수의 대동목욕탕 다음으로 오래된 목욕탕이다. 목욕 요금을 내며 카운터에 계신 노부부에게 1958년부터 운영해 오신 게 맞느냐고 여쭈었다. 여주인장께서는 정확한 연도는 기억나지 않지만, 대략 60년 정도 되었을 것 같다고 하셨다. 그리고 지금은 자신들이 세 번째 주인으로 이 목욕탕을 이어받아 운영하고 있다는 말을 덧붙이셨다.

세월의 흐름을 비껴간 듯 깔끔한 공간

예전에 화재가 있었다는 이야기를 들었는데, 이후 리모델링을 한 듯했다. 탈의실과 욕실이 깔끔하고, 욕조의 타일도 깨끗했다. 특히 인상적이었던 건 화장실의 청결 상태였다. 지금까지 다녀 본 목욕탕 가운데 화장실이 만족스러웠던 곳은 드물었는데, 이곳은 흰색 타일이 반짝일 정도로 관리가 잘 되어 있었고, 변기와 내부 공간도 깔끔했다. 바

구니에 정리돼 있는 타올도 헤진 것 없이 깨끗하고 보드라
웠다.

욕조는 단 두 개. 온탕과 냉탕이 욕실 양쪽 벽에 떨어져
위치해 있다. 두 욕조가 멀찍이 떨어져 있어 마치 견우와
직녀처럼 보인다. 그 욕조 사이의 샤워기들이 있는 공간은
마치 까마귀와 까치가 만든 오작교인 듯 보이는데, 이런
상상을 할 수 있었던 것은 오래된 목욕탕 공간 덕분이다.

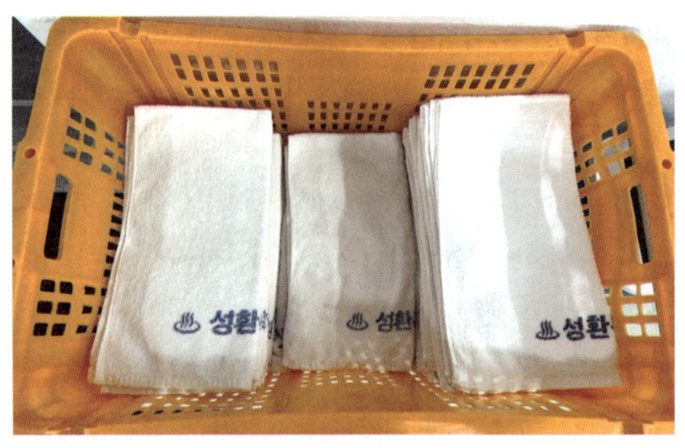

가지런히 정리된 깨끗하고 보드라운 수건

　　　　　　　　　　　　　　전국 목욕탕 탐방

이렇게 작은 타일로 된 벽은 웬만큼 깔끔 떨지 않으면 절대 이 상태를 유지할 수가 없다.

타이머 기능이 있는 자동 등밀이 기계. 대성이라는 상호가 생소하다.

낯선 이름의
등밀이 기계

사우나실 앞에는 등밀이 기계가 설치돼 있다. 충남 지역
목욕탕에서 몇 차례 본 적은 있지만, 오랜만에 마주하니
반가웠다. 가까이 다가가 살펴보니 익숙한 삼성기계공업
사가 아닌 대성등밀이라는 상호가 붙어 있었다. 처음 보는
이름이었다. 나중에 검색해 보니 경기도 안산에 본사를 둔

업체로, 코인용 등밀이 기계와 드라이기를 주로 생산하는 회사라고 한다. 성환목욕탕에 설치된 기계는 타이머 기능이 있어 버튼을 누르면 약 120초 동안 작동한다.

목욕탕을 지키는
노부부와 하얀 강아지

목욕을 마치고 카운터가 있는 1층으로 내려가는데 카운터 안에서 커다란 바구니를 앞에 놓고 무언가를 손질하는 노부부의 모습이 눈에 들어왔다. 고구마 줄기인지 머윗대인지 나물을 다듬고 계셨다. 카운터 위에는 하얀 강아지가 조용히 앉아 있었다. 마치 두 분을 지키듯 자리 잡은 모습이었다.

주인 부부는 인기척을 느끼셨는지 음료 한잔하고 가라며 매실 음료와 냉커피, 커피 자판기가 있는 곳을 가리켰다. 이런 서비스를 제공하는 목욕탕은 드물다. 그만큼 이 공간에 대한 애정과 손님에 대한 배려가 엿보였다. 여주인장은 직접 카운터 밖으로 나와 목욕탕은 어땠느냐고 물으며 매실이 맛있다고 권하셨다. 목욕 후 시원한 음료가 당기던 참이라 매실 한 잔을 받아 들고 목욕탕을 나섰다. 시

주인과 함께 카운터를 지키는 하얀 강아지

원한 매실을 마시며 뒤를 돌아 상환목욕탕이라고 쓰여져 있는 간판을 다시 본다. 그리고 이 부부가 오래오래 건강하게 이 목욕탕을 지금처럼 운영해 주시길 빌었다.

목욕 손님들을 위해 주인 부부가 준비해 둔 음료대.
커피와 매실 음료가 있다.

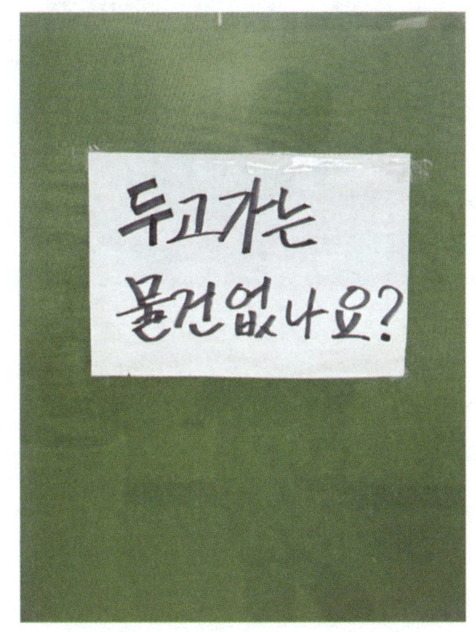

서문탕

매너 있는 손님이 만드는 깨끗한 목욕탕

❖ **주소**   충남 홍성군 홍성읍 월계천길 149

❖ **전화**   041-634-0161

❖ **정기 휴일**   매주 목요일

❖ **목욕비**   8,000원

홍성군청 옆을 따라 흐르는 월계천변에 자리한 단층 건물의 목욕탕이다. 건물은 크지 않고 목욕탕 굴뚝도 없어 쉽게 지나칠 수 있지만, 빨간 바탕의 간판이 눈에 띈다. 1985년에 문을 열었고, 지금의 주인장은 2002년부터 운영해 오고 있는 두 번째 주인이다.

목욕탕에서 맛보는
추억의 삼각커피우유

카운터 옆 음료수 냉장고에는 어릴 적 목욕탕에서 자주 마셨던 서울우유의 삼각커피우유가 있다. 목욕 요금을 치르면서 하나를 집어 들었다. 빨대를 찾으니 탈의실에 있는 가위를 사용하면 된다고 알려 준다. 그간 우유 용기에 빨대를 단숨에 꽂는 내공을 쌓아 왔는데 그 실력을 발휘할 기회가 없어 아쉽지만, 추억을 떠올리며 차가운 물을 채운 바가지에 우유를 잠시 담가 두었다.

목욕을 마치고 마시는 커피우유의 맛은 그야말로 특별하다. 누군가가 음식의 맛은 추억이 반 이상을 차지한다고 했는데, 그래서인지 내게 가장 맛있는 우유는 목욕탕에서 마시는 삼각커피우유와 일본의 목욕탕에서 처음으로 마신

차가운 물을 담은 바가지에 넣어 둔 커피우유

모리나가사의 병우유다. 실제로 이런 추억을 가진 사람이
많은지, 이 커피우유를 사기 위해 서문탕을 찾는 손님도
적지 않다고 한다.

다른 목욕탕과 크게 다르지 않은 탈의실에는 특별한 장
치가 하나 있다. 그 특별한 장치는 카운터와 연결된 작은
구멍인데, 목욕 도중 갈증이 나면 이 구멍을 통해 냉장고
의 음료수를 주문하고 받을 수 있다. 세신사나 이발사 등
탈의실을 지킬 사람이 없는 서문탕은 이런 방식으로 손님
에게 음료수를 제공한다.

청결과 배려가
살아 있는 공간

욕실에는 모서리가 곡면 처리된 냉탕과 안쪽 벽면에 나란
히 붙어 있는 온탕과 열탕이 있다. 냉탕은 지하수를 끌어
써서 한여름에도 등골이 서늘할 정도로 차갑다. 온탕에는
펭귄이 그려진 그림 타일이 붙어 있는데, 지금의 주인장이
목욕탕을 인수하며 수리할 때 설치한 것이다.

사우나실에는 작은 스피커가 하나 놓여 있다. 그 스피커
를 통해 SBS FM 《두시탈출 컬투쇼》가 흘러나오는데, 방

송을 들으며 혼자 웃음을 참다 보면 시간이 금세 지나간
다. 온몸은 땀으로 번들거리지만 라디오 덕분에 지루함 없
이 시간을 보낼 수 있다.

평온한 주말 오후, 온탕에 앉아 다른 이들의 목욕하는
모습을 바라보는데 한 분이 눈길을 끈다. 비누칠과 샴푸질
을 하는 동안 샤워기를 잠그고, 씻은 뒤에는 자신이 사용
한 공간을 깨끗이 정리한다. 그리고 욕실을 나설 때는 앉
았던 목욕탕 의자와 사용한 바가지를 깨끗이 씻은 후 제자
리에 가져다 놓았다.

"매너가 사람을 만든다." 영화 《킹스맨》의 유명한 대사
다. 이를 목욕탕 버전으로 바꾸면 '매너 있는 손님이 깨끗
한 목욕탕을 만든다'라고 할 수 있다. 깨끗한 목욕탕을 유
지하려면 매너 있는 손님이 단골이어야 하고 여기에 주인
장이 수시로 욕실과 탈의실을 점검하는 성실함이 더해져
야 한다. 서문탕은 매너 있는 손님과 성실한 주인장 덕분
에 깨끗한 공간으로 유지되고 있다고 생각했다.

한 가지 덧붙이면, 충남의 오래된 목욕탕인 서문탕에서
는 삼성기계공업사의 자동 등밀이 기계도 만날 수 있다.

 전국 목욕탕 탐방

타일 벽화로 그려져 있는 펭귄 그림

정산농협목욕탕

농협이 만든 목욕탕, 좋다!

❖ **주소**　　충남 청양군 정산면 정현길 70-9

❖ **전화**　　041-942-2299

❖ **정기 휴일**　　매주 월요일

❖ **목욕비**　　8,000원

정산농협목욕탕은 충북 청양군 정산면, 목면, 청남면, 장평면 4개 면에 거주하는 어르신들의 편익을 위해 정산농협이 사업비의 절반 이상을 부담해 지은 목욕탕이다. 2016년 개업 당시만 해도 청양읍을 제외하면 이 지역엔 목욕탕이 한 곳도 없었다. 그래서 정산면을 포함한 4개 면의 주민들은 목욕을 하려면 부여나 공주까지 원정을 가야 했다.

청양군은 2024년 12월 말 기준 인구 29,658명의 작은 지자체다. 이 중 65세 이상 노인이 12,082명으로 전체의 40.7%를 차지한다. 어르신들이 목욕 한번 하려고 먼 지역까지 차를 몰고 가거나 불편한 대중교통을 이용하는 게 쉬운 일이 아니다.

그래서 정산농협이 도비, 군비 지원을 받아 건물을 짓고, 2016년 말에 문을 열었다. 이후 몇 차례의 우여곡절을 거쳐 2024년 2월, 리뉴얼을 마치고 다시 문을 열었고, 지금은 지역 어르신들에게 없어서는 안 될 존재가 되었다.

청양군 동부 지역
어르신들의 보물

탈의실에서 욕실로 들어가는 통로는 약간 경사진 구조로

되어 있고, 한쪽 벽에는 손잡이가 설치되어 있어 어르신들이 짚고 걸어가시기 좋다. 욕조도 욕실 바닥보다 아래쪽으로 깊게 파여 있다. 욕조로 들어가는 계단의 높이는 낮고 너비는 넓게 되어 있어 다리가 불편한 어르신들도 안전하고 쉽게 욕조에 드나들 수 있다.

다만 한 가지 아쉬운 점은 자동 등밀이 기계가 없다는 것. 어르신들에게 꽤 인기 있는 장비인데, 하나쯤 비치된다면 정말 많은 분들이 좋아하실 것 같다.

세심한 설계로
공들여 만든 목욕탕

건물 외벽의 목욕탕 간판과 층별 표지판들이 모두 깔끔하고 통일감 있게 디자인되어 있어 보기 좋다. 게다가 대중목욕탕에서 종종 볼 수 있는 지저분하고 불친절한 안내문 대신, 그림이 곁들여진 가독성 좋은 안내문을 곳곳에 붙여두어 쾌적한 분위기를 더한다.

사우나는 습식 사우나 단 하나뿐이지만, 바닥부터 벽까지 좋은 품질의 목재로 마감했고, 일반 못 대신 나무못을 사용했다. 녹물이 스며들어 못 자국 주변이 변색된 사우나

NH
NongHyup
목욕탕 여탕

바닥보다 아래쪽으로 파여 있는 욕조

를 많이 봐 왔기에 이 작은 디테일에 감탄하며 사우나를
즐겼다.

뚜껑을 고정한 주전자처럼 보이는 습식용 사우나 기계
는 정해진 시간마다 물을 끓이고 그 증기를 사우나실에 뿜
어낸다. 증기가 나오기 전에 주전자 같은 기계에서 '땡그
랑땡그랑' 소리가 나고, 이어서 '쉬익-' 하는 소리와 함께
뜨거운 김이 사우나실로 퍼진다.

눈을 감고 그 소리에 집중하고 있으니 마치 음악처럼 들린다. 사우나의 뜨거운 열기와 증기 소리가 묘하게 어우러져 머릿속이 정리되는 느낌도 든다.

맑고 차가운 냉탕에서
계곡을 떠올리다

욕조는 열탕, 온탕, 냉탕이 나란히 이어져 있다. 평소에는 건식 사우나를 선호하지만, 이곳의 습식 사우나는 편안하고 쾌적해 오래 앉아 있을 수 있었다. 사우나를 마친 뒤 냉탕에 들어가 보니 깊이는 조금 얕지만 물 온도와 청량감이 아주 뛰어났다. 물 좋다는 이야기는 익히 들었지만, 실제로 눈을 감고 냉탕에 들어가 있으니 정말 계곡물 속에 있는 듯한 기분이 들었다. 아마도 목욕탕에 오기 전 칠갑산 등산을 해서 더 그렇게 느꼈을지도 모른다. 아무도 없는 욕실, 맑고 차가운 물, 고요한 분위기가 어우러진 공간에 가만히 눈을 감고 앉아 계곡의 목욕을 즐겼다.

오창온천로하스파

이집트풍의 복합 온천 시설

❖ 주소	충북 청주시 청원구 오창읍 중심상업로 39
❖ 전화	043-217-5511
❖ 정기 휴일	연중무휴
❖ 목욕비	9,000원

충북 청주시 청원군 오창읍에 위치한 오창온천로하스파는 이름에서 알 수 있듯이 온천수가 나오는 곳이다. 온천수의 용출 온도는 28.2도로 낮은 편이지만 ph 9.18의 강알칼리성 온천으로 피부를 부드럽게 해주는 효과가 있다. 8층 건물 전체에 다양한 시설이 들어서 있으며, 3층부터 찜질방, 수영장, 남녀 대중탕, 야외 워터파크까지 갖춘 '이집트형' 복합 온천 시설이다. 남탕과 여탕은 카운터가 있는 5층에 있다.

실내는 이집트풍으로 꾸몄다.

이집트 상형문자로 채워진
목욕탕

5층의 왼쪽 벽면에는 이집트 벽화에서 볼 수 있는 파라오로 보이는 인물과 호루스의 매로 보이는 새가 그려져 있으며, 다양한 상형문자가 벽면을 가득 채우고 있다. 이 상형문자는 욕실 내부에서도 보인다. 사우나실 입구의 프레임과 입식 샤워실로 들어가는 입구의 프레임에도 다양한 상형문자가 새겨져 있다. 특히 가로 프레임의 중앙에는 투탕카멘의 황금 마스크를 연상시키는 조각이 붙어 있다. 그리고 벽이 천장과 맞닿는 부분에는 고대 이집트 유적에서 볼 수 있는 문양이 새겨진 얇은 띠가 둘려 있다.

　욕실 중앙에는 원형 대온천탕이 있고, 그 옆에는 이집트를 연상시키는 모형 나무가 하나 있다. 이 모두가 '이집트형' 목욕탕을 만들기 위해 한마음으로 힘을 합치는 것 같아 보인다.

빛과 색이 춤추는
욕탕 타일

욕실 중앙의 원형 대온천탕 바닥은 연한 파란색 계열의 모
자이크 타일로 채워져 있다. 하지만 단순한 파란색이 아니
다. 조명과 물결에 따라 홀로그램처럼 무지갯빛이 반짝이
며 보는 각도마다 색이 미묘하게 달라진다. 열탕 역시 연

전국 목욕탕 탐방

한 녹색 계열의 타일이 깔려 있지만 이곳도 마찬가지로 은은한 무지갯빛을 띠어 신비로운 분위기를 자아낸다. 두 욕조 모두 각기 다른 색감의 홀로그램 타일을 사용해 차별화된 시각적 즐거움을 제공한다. 대온천탕 옆 네모난 안마탕은 동그란 연한 베이지색 타일로 마감돼 따뜻하고 부드러운 인상을 준다.

타일 벽화로 개성을 드러내는 목욕탕은 많지만, 오창온천로하스파처럼 욕실 콘셉트를 통째로 이집트풍으로 꾸민 곳은 흔치 않다. 온천의 효능과 이집트풍 장식, 독특한 타일까지. 단순한 목욕 이상의 것을 경험할 수 있는 곳이다. 문득 색다른 목욕탕을 찾고 싶을 때 생각이 날 목욕탕이다.

앙성탄산온천

감성이 아닌, 진정한 레트로 그 자체

❖ **주소**　　충북 충주시 앙성면 가곡로 1457

❖ **전화**　　043-855-7360

❖ **정기 휴일**　　연중무휴

❖ **목욕비**　　10,000원

충북 충주시에는 수안보 온천, 앙성 온천, 문강 온천 지구 등 세 곳의 온천 지구가 있다. 이들 온천은 각각 다른 수질을 자랑하는데, 수안보는 단순 유황 라듐, 앙성은 탄산천, 문강은 유황 온천이 주요 특징이다. 그래서 충주는 '삼색 온천 지대'라 불린다.

앙성 온천 지구에서 용출되는 탄산 온천수는 지하 700미터 이상 깊은 곳에서 끌어올린다. 수온은 25~38도로 비교적 낮은 편이다. 이 탄산 온천수는 어깨 결림이나 요통, 냉증 등 가벼운 질환에 좋고, 피부를 매끄럽게 하고 피로 회복에 효과가 있다고 한다. 게다가 정신적 안정에도 도움이 된다고 한다. 앙성 온천 지구에는 호텔에서 운영하는 호텔 부속 목욕탕과 대중탕인 앙성탄산온천과 능암온천랜드가 있다.

앙성 온천 광장에서 조금 떨어진 도로변에 위치한 앙성 탄산온천은 회색 대리석 타일로 마감된 3층 규모의 건물이다. 건물 옥상에는 목욕탕 이름을 한 글자씩 나누어 세운 간판이 있고, 빨간색 지붕 장식이 달린 돌출된 건물 입구가 인상적이다. 메인 출입구 위에는 검은색 바탕에 빨간색 목욕탕 마크와 흰색 글씨로 앙성탄산온천이라고 적혀있다. 출입구 양옆으로는 석재로 만든 두꺼비 모양의 귀여운 조형물이 손님들을 반긴다.

입욕시간별 효능
※ 주의사항 ※
안성 죽산 온천 24시
영업
합
목욕합니다

크게 두 공간으로
나누어진 욕실

여탕은 지하에, 남탕은 2층과 3층에 있다. 탄산 온천수가 있는 욕실은 3층에 있는데 건물 한 층을 욕실로 사용한 만큼 넓고 개방감이 좋다.

욕실 내부는 거의 같은 크기의 두 공간으로 나뉜다. 낮은 계단 두 개 높이의 단차만 두었을 뿐인데, 씻는 공간과 탕욕 공간으로 확연하게 구분되어 있다.

씻는 공간에는 긴 바가지탕 두 개, 세신실, 입식 샤워기와 좌식 샤워기가 있다. 이곳을 지나 낮은 계단 두 개를 올라서면 탕욕과 사우나를 즐길 수 있는 공간이 펼쳐진다. 여기에는 탄산수 원탕, 탄산 온탕, 열탕 그리고 넓은 냉탕이 자리한다.

욕조는 바닥이 욕실 바닥보다 낮아 자연스럽게 계단을 내려가는 기분으로 들어갈 수 있다. 이런 구조를 만들기 위해 욕조가 있는 공간의 바닥을 씻는 공간보다 약간 높게 만든 것 같다. 벽면에는 습식·건식 사우나가 나란히 있고, 현재는 사용하지 않는 수면실이 붙어 있다.

원형 기둥과 탄산수 원탕,
공간의 주인공

이 목욕탕의 주인공은 단연 탄산수 원탕이다. 주인공의 모습이 아주 멋지고, 연륜과 위엄이 우러나온다. 욕실의 다른 기둥과 욕조들이 모두 사각형인 반면, 탄산수 원탕 중앙에 놓인 기둥과 욕조만 원형으로 만들어졌다. 둥근 기둥에 연결된 수도꼭지에서는 탄산 원천수가 끊임없이 조금씩 흘러나와 양질의 수질을 유지한다. 이 탄산 원천수는 음용이 가능한데, 마실 수 있게 수도꼭지 위에는 바가지가 놓여 있다. 탄산감은 거의 없지만 은은한 단맛이 돌아 맛있다. 철 맛이나 떫은 맛은 거의 느껴지지 않는다.

탄산수 원탕의 수온은 청주의 초정약수원탕이나 세종 스파텔, 세종시의 금강사우나보다 조금 높은 편이다. 옆에 있는 냉탕에 있다가 들어가면 따뜻하다고 느껴질 정도다. 탄산 함유량은 적은 편이어서 기포가 거의 보이지 않고 그 기포가 몸에 달라붙어 물방울이 맺히는 경험을 할 수도 없다. 약한 피부에서 그 기포들이 터질 때 느껴지는 따끔거림도 거의 없다. 덕분에 이 탄산 원천을 오랜 시간 만끽하며 욕조에 누운 채 있을 수 있다.

오랜 세월 원천수가 끊임없이 흘러넘치며 욕실 바닥과

타일에는 온천 특유의 색이 스며들었다. 일부 표면에는 호박색 침전물이 얇게 깔려 미끄럽기도 하다. 탄산 온천을 처음 경험하는 이라면 지저분하다고 느낄 수도 있지만, 이는 세월이 남긴 흔적이자 공간의 연륜을 보여 주는 표식이다. 그 덕분에 마치 던전에서 고블린과 드래곤을 상대하고 상처를 입은 전사들이 영광의 상처를 치유하는 마법의 샘처럼 보인다. 한바탕 전투를 벌인 후, 이 탄산수 원탕에 몸을 담그고 있으면 드래곤의 발톱에 찢긴 상처가 아물고, 전투로 쌓인 피로도 한꺼번에 치유될 것 같다.

강원 2탕

바위사우나

강 원

50년 넘게 연중무휴인 마을 병원

❖ **주소** 강원 춘천시 춘천로213번길 9

❖ **전화** 033-253-3610

❖ **정기 휴일** 없음

❖ **목욕비** 8,000원

착한 가격! 편안하고 기분 좋은 목욕탕

강원도 춘천시의 조용한 주택가인 효자동에 자리한 바위 사우나는 오랜 세월 지역민과 함께해 온 목욕탕이다. 아주 오래 전 이 주변에는 우물이 있었고, 옆으로 빨래터가 있었다고 한다. 그 물줄기를 이용해 목욕탕 영업을 시작한 바위사우나는 손님들로부터 물이 부드럽다는 평을 들으며 지금까지 그 자리를 지키고 있다. 행정안전부 지방 행정

바위사우나

인허가 데이터에 따르면 1960년에 문을 열었고, 건축물대장에는 1973년 사용 승인을 받은 것으로 되어 있다. 아마도 영업이 잘 되어 지금의 건물로 새로 지은 듯하다. 현재 건물로도 50년 넘게 목욕탕 영업을 이어 오고 있는 셈이다.

건축 면적이 제법 넓은 바위사우나는 남탕과 여탕이 1층에 있다. 1층 창문에는 목욕하는 아이들 사진과 애니메이션이 붙어 있어 사우나라고 써진 간판이 아니더라도 목욕탕임을 짐작할 수 있다. 아담한 탈의실 옷장 위에는 단골 손님들이 목욕 바구니를 보관할 수 있도록 목재로 만든 2단 선반이 놓여 있는데, 목욕탕을 깔끔하게 유지하려는 주인장의 세심함이 엿보인다.

독특한 타일로 마감된
욕조들

욕실 입구 바로 오른쪽 벽에는 사각형 온탕과 열탕이 나란히 있고, 긴 냉탕은 반대편 왼쪽의 벽 전체를 자치하고 있다. 그사이에는 동그란 바가지탕 하나와 좌석 샤워기가 설치된 씻는 공간이 있다. 욕조의 바닥과 안쪽 벽은 지금껏 보지 못한 독특한 타일로 마감되어 있다. 회색 배경에 입

바위사우나 입구와 카운터의 모습

체 느낌이 드는 돌들이 그려진 타일인데, 마치 강가 모래
밭에 촘촘히 박힌 조약돌을 보는 듯하다. 덕분에 냉탕에 몸
을 담그면 강가에서 멱을 감는 기분이 들기도 한다. 냉탕
한쪽에는 목욕탕 입구에 자랑하듯이 써 놓은 물대포 기계
가 있다. 멀리 부산의 삼성기계공업사에서 만든 제품이다.
아쉽게도 같은 회사에서 만든 자동 등밀이 기계는 없다.

연중무휴,
마을의 작은 병원

바위사우나는 쉬는 날이 없다. 매일 새벽 '목욕합니다'라
는 입간판이 어김없이 입구에 세워진다. 목욕탕의 단골인
동네 어르신들이 언제든지 찾을 수 있도록 하기 위해서다.
주인장은 이 목욕탕을 작은 병원이라고 생각하며 운영한
다. 규모가 크거나 최신식 시설은 아니지만, 지팡이를 짚
고 삭신이 쑤신다며 찾아온 동네 어르신들이 나가면서 몸
이 개운하고 행복해진다고 말할 때, 주인장은 이 일이 참
뿌듯하게 여겨진다고 한다. 그래서 쉴 수가 없다고 한다.
  이런 마음 때문인지 오랜 세월이 흘렀지만 바위사우나
는 깔끔하고 청결을 유지하고 있다.

그린목욕탕

광산 마을의 기억을 품은 목욕탕

❖ **주소**　　　강원 태백시 시장남2길 16

❖ **전화**　　　033-552-2505

❖ **정기 휴일**　연중무휴

❖ **목욕비**　　8,000원

그린목욕탕은 강원도 태백시 황지자유시장 인근에 1993년 문을 열었다. 1986년 석탄산업합리화 조치가 시행되면서 탄광업은 사양의 길을 걷고 있었지만, 당시 태백에는 국내 최대 규모의 장성탄광이 가동 중이어서 동네에는 아직 활기가 있었다.

탄광촌에는 타지에서 온 단신 일용직 종사자가 많았고, 그런 만큼 수익성이 좋은 업종 중 하나가 목욕탕과 여관이었다. 그린목욕탕은 개업 초기부터 광부의 가족, 난전 상인, 일용직 노동자, 보따리장수, 마을 주민까지 다양한 이들이 찾으며 북적였다. 평일에도 하루 600여 명이 이용했고, 명절에는 천 명이 넘게 몰릴 정도였다. 목욕탕뿐 아니라 이발사, 세신사 모두 쉴 새 없이 바빴고 수입도 좋았다.

그러나 한창때는 종사자가 6천여 명에 이르렀던 장성광업소도 석탄산업합리화 이후 인원이 급격히 줄어들며 마을은 서서히 쇠락해 갔다. 쇠락해 가는 것은 그린목욕탕도 마찬가지지만 오랜 세월 이어진 단골들의 발길이 그린목욕탕을 지탱하고 있다. 창업주가 세상을 떠난 뒤에는 그의 아들이 가업을 이어받아 2대째 운영을 이어 가고 있다.

닳아서 거의 안 보이는 글자가 오랜 시간 그곳에 있었음을 알려 준다.

오래된 여인숙, 낡은 굴뚝,
그리고 희미한 글씨

그린목욕탕의 바로 앞에는 오래된 상주여인숙이 자리하고 있다. 탄광 산업이 한창이던 시절, 이곳에서 숙식하던 탄광 관련 일용 노동자들은 맞은편 목욕탕에서 하루의 묵은 때를 씻고 피로를 풀었을 것이다. 목욕탕 건물 모서리에는 네모반듯한 낮은 굴뚝이 있고, 그 네 면에는 세월에 바래 희미해진 '목욕탕' 글씨가 아직 남아 있다. 오래된 여인숙, 낡은 굴뚝, 그리고 희미한 글씨가 이곳이 걸어온 시간을 조용히 말해 준다.

목욕탕 1층 입구에 설치된 옛 공중전화, 2층으로 올라가는 복도 벽에 붙여진 안내판 등이 아날로그 감성을 내뿜고 있다. 또한 개업 당시 기증받은 것으로 보이는 탈의실의 거울에는 앞자리가 두 자리인 전화번호가 적혀 있어 이 목욕탕의 시간을 알려 준다.

욕실 입구 옆에는 칫솔, 면도기, 샴푸, 때수건 등이 놓여 있는데 모두 무료다. 원가 상승으로 부득불 요금을 8천 원으로 인상한다는 안내문 속에서 손님을 위해 무언가를 더 내어 주려는 주인의 고민이 엿보인다.

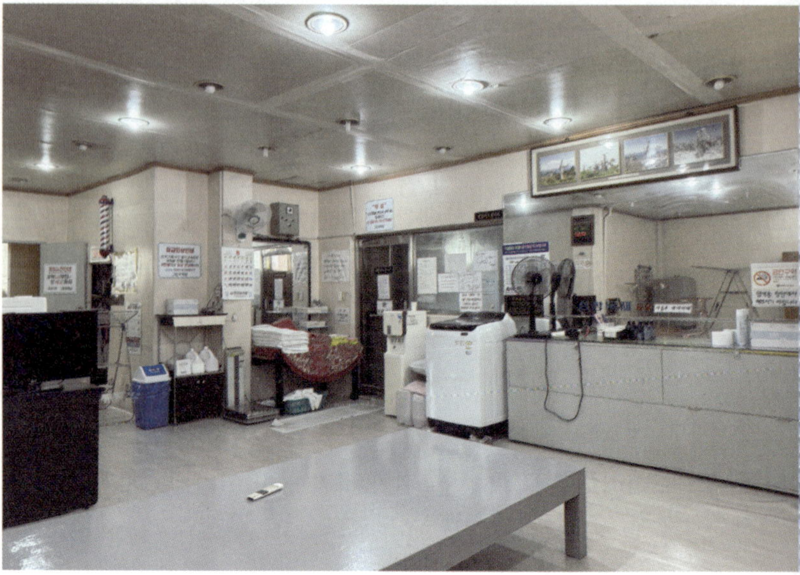

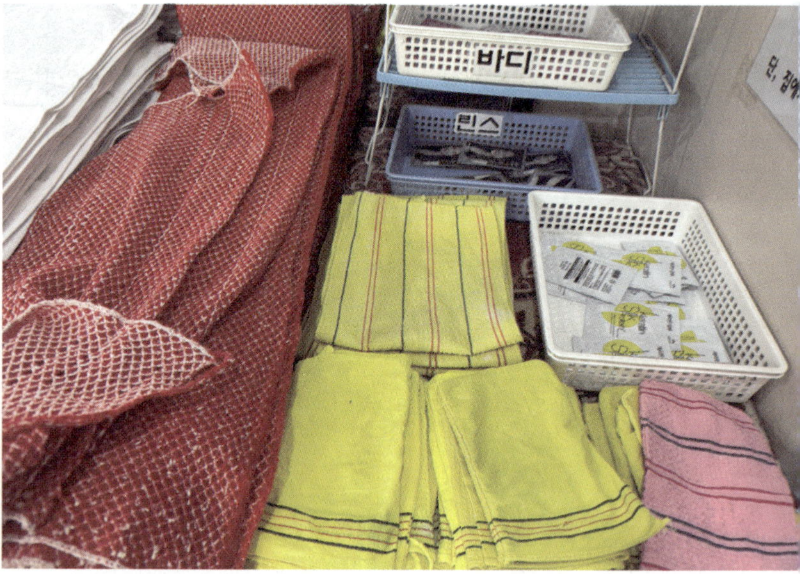

그린목욕탕에서 무료로 제공하는 어메니티

인연을
이어 가고 싶은 마음으로

욕실 안으로 들어서면 길이 약 5미터에 달하는 바가지탕이 먼저 눈에 들어온다. 지금은 거의 쓰는 사람이 없지만, 하루 수백 명이 몰리던 시절에는 사람들이 빽빽이 둘러앉아 때를 밀던 공간이었다. 온탕과 열탕에서 몸을 불린 후 바가지탕으로 옮겨 앉던 풍경이 선하게 떠오른다.

마을 주민, 시장 상인, 일용직 노동자들에게 이 목욕탕은 여전히 하루를 마무리하는 공간이다. 주인장은 힘든 여건 속에서도 오랫동안 이곳을 지켜 내고 싶다고 말한다. 손님과의 인연을 이어 가고 싶은 마음이 연중무휴 운영과 무료 비품 제공으로 이어지고 있는 듯하다.

경기 2탕

일죽목욕탕

세상에서 가장 안전한 목욕탕

❖ **주소**　　경기도 안성시 일죽면 주래본죽로 6

❖ **전화**　　031-676-4420

일죽목욕탕은 1997년에 만들어진 안성시 소유의 대중목욕탕을 완전 새롭게 리모델링한 곳이다. 글로벌 광고회사 이노션이 공간 리브랜딩을 재능 기부하고, 공공건축 분야에서 이름을 알린 구보건축이 설계를 맡아 2024년 겨울에 새로 문을 열었다. 어르신들이 주로 이용하는 점을 고려해 탈의실부터 욕실까지 전 구역을 고령자 관점에서 설계했다고 한다.

위험이 많은 공간,
목욕탕

사실 대중목욕탕은 다양한 위험이 숨어 있는 공간이다. 어린이나 고령자는 미끄러운 욕실 바닥에 쉽게 넘어져 타박상이나 골절을 입기도 한다. 특히 노인의 경우 피부가 얇고 감각이 둔해져 뜨거운 물의 온도를 제대로 느끼지 못해 저온 화상을 입을 수 있다. 겨울철에는 체온과 혈압이 급격히 변하면서 히트쇼크로 이어지기도 한다. 어르신들이 주로 찾는 오래된 동네 목욕탕의 탈의실이나 욕실 곳곳에 주의 안내문이 많이 붙어 있는 이유다. 일죽목욕탕은 이런 위험을 줄이기 위해 대기업, 지자체, 비영리 기관, 건축

욕실 내의 씻는 공간

모서리가 둥근 욕조의 모습

사무소가 협력해 '세상에서 가장 안전한 목욕탕'을 목표로
완성한 공간이다.

조금 생각을 바꿔 고안한
욕실의 다양한 안전장치

욕실 내부는 들어서자마자 밝고 따뜻한 분위기가 느껴진
다. 가로로 긴 창으로 들어오는 자연광, 천장의 조명, 간접
조명, 그리고 벽면의 베이지색과 연두색의 타일이 서로 조
화를 이루어 욕실을 따뜻함이 충만한 공간으로 만든다. 이
런 따뜻함 속에 다양한 안전장치가 녹아들어 있다. 바닥에
서 약 1.5미터 높이까지 두른 연두색 타일은 동양인 피부
색과 대비를 이루어 이용자가 넘어지거나 위험한 상황이
발생했을 때 주변 사람들이 쉽게 알아차릴 수 있도록 고려
한 색상이다. 욕실 내부에는 시선을 방해하는 기둥이 없고
벽체도 모두 낮게 만들어져 있다. 자연스럽게 욕실에 있는
모두가 서로를 지켜보며 안전요원의 역할을 할 수 있도록
만든 구조다. 사우나실도 외부에서 쉽게 내부 상황을 파악
할 수 있도록 한쪽 벽에 큰 창을 만들어 놓았다.
　욕실 바닥에는 열선을 깔아 물기가 빠르게 마르도록 했

음수대 옆에는 쉬는 공간이 있어 이곳에서 어르신들이 휴식을 취할 수 있다.

다. 덕분에 미끄럼 사고를 막을 수 있을 뿐 아니라 따뜻한 워업존(Warm-up zone)을 형성해 갑작스러운 온도 차이로 일어나는 히트쇼크를 예방하는 효과도 있다. 이용객은 이곳에서 체온을 서서히 높이며 입욕할 수 있고, 중간중간 잠시 휴식을 취하며 따뜻한 물을 마셔 탈수를 막을 수 있다. 욕탕의 입구 쪽에는 온돌 마루가 깔려 있다. 목욕을 마치고 나가기 전 급격한 기온 변화를 완화하는 완충 공간이자 몸을 건조시키는 역할을 겸한다.

　세심한 배려는 구조 곳곳에도 반영되어 있었다. 타박상과 골절을 줄이기 위해 구조물의 날카로운 모서리를 없앴다. 타일로 된 욕조들의 모서리 부분은 둥글게 다듬은 화강석 버너구이로 마감했다. 그리고 욕조로 들어가기 위한 계단 디딤판도 마찬가지로 화강석 버너구이로 했는데, 버너로 화강석 표면을 가열해서 오돌토돌하게 만드는 방식이라 표면이 거칠어 미끄럽지 않다. 또한 사고에 신속하게 대응하기 위해 욕실, 탈의실, 화장실 곳곳에 SOS 호출 버튼을 설치했다.

　이런 시도와 설계 철학은 세계적으로도 주목을 받았다. 일죽목욕탕은 2025년 세계 최고 권위 디자인상인 레드닷 디자인 어워드에서 '프로덕트 디자인 부문: 실내 건축 및 인테리어 디자인' 최고상을 수상했다. 경기도는 전체 과정과 축적된 경험을 정리해 홈페이지에 공개했고, 전국 어디서나 참고할 수 있도록 했다. '세상에서 가장 안전한 목욕탕' 프로젝트는 고령층이 주로 찾던 낡은 공공 목욕탕을 지역의 건강 돌봄 거점으로 탈바꿈시킨 사례라 아주 인상적이었고, 오래 기억에 남는다. 다른 지역들에도 확산할 수 있지 않을까 하는 생각이 들었다.

일죽
목욕탕
남탕

01
03
05
02
04
06

갈곶목욕탕

경 기

친근하고 정감 있는 공간

❖ **주소** 경기 오산시 오산로 18

❖ **전화** 031-373-3270

❖ **정기 휴일** 매주 화요일

❖ **목욕비** 9,000원

블로그나 페이스북 같은 SNS를 통해 영업시간, 정기 휴일, 여름휴가 일정까지 알리는 대중목욕탕은 드물다. 경기도 오산시에 있는 갈곶목욕탕은 운영자가 직접 블로그를 통해 소통하고 있는 몇 안 되는 곳 중 하나다. 업데이트가 잦지는 않지만 영업시간과 주차장, 내부 시설 등에 관한 정보를 비교적 상세히 적어 두었다. 소개글에는 이렇게 적혀 있다. "오산에 하나뿐인 목욕탕입니다. 어릴 적 부모님 손을 잡고 찾던 친근하고 정감 있는 공간입니다."

실제로 오산 지역에 대중목욕탕이 이곳 하나뿐인지는 확인이 필요하지만, 찜질방을 제외한 일반 목욕탕으로는 현재 유일한 곳일 가능성이 크다. 블로그의 소개 문구처럼 '친근하고 정감 있는 공간'이라는 표현은 실제 분위기와 잘 맞는다.

목욕탕 건물 앞에는 주차장이 있다. 그 끝자락에는 빨간색 바탕의 간판이 철기둥에 매달려 있다. 흰 글씨로 '목욕탕'이라 적혀 있고, 아래쪽에는 흰색과 파란색의 화살표들이 반복되어 있다. 글씨체도 장식 없이 단순하고, 강렬한 색 대비 덕분에 이곳이 목욕탕이라는 사실을 직관적으로 알려 준다. 간판 뒤편으로는 붉은 벽돌 연립 주택이 이어지고, 멀리 흰색 아파트가 겹쳐 보이면서 주변 풍경과 대비를 이루어 간판의 존재감을 더욱 돋보이게 한다.

욕조, 벽화, 사우나가
어우러진 공간

욕실 입구 쪽에는 입식 샤워기들이 줄지어 서 있고, 그 안쪽 중앙에는 좌식 샤워 공간이 자리한다. 일본의 대중목욕탕인 센토, 특히 관동 지역에서 흔히 볼 수 있는 배치로,

먼저 몸을 깨끗이 씻은 뒤 욕조에 들어가도록 유도하는 의도가 담겨 있다.

샤워 공간을 지나면 기둥 뒤로 큰 욕조가 이어진다. 열탕, 온탕(녹차탕), 이벤트탕으로 나뉘어져 있다. 가장 안쪽 벽에는 큰 냉탕이 있다. 지하 150미터에서 끌어올린 지하수로 채워져 있어 이곳에서는 천연옥냉탕이라 부른다. 냉탕 벽면에는 대형 타일 벽화가 그려져 있는데, 옆의 세신실까지 이어질 정도로 크다. 산들에 둘러싸인 호수에서 흘

단골손님의 개인 물건을 보관하는
서랍과 바구니의 행렬. 목욕 바구니는 계단 위까지 늘어서 있다.

들어서면 강렬한 노란색 캐비닛이 확 시선을 끈다.

러나온 물줄기가 길고 얕은 계곡을 만드는 풍경으로, 실제 물줄기가 냉탕으로 흘러드는 인상을 주어 산속 계곡에서 몸을 담그는 듯한 느낌을 준다. 욕실 한쪽에는 온도와 스타일이 다른 세 개의 사우나실이 이어져 있다. 욕실 공간에는 강렬한 빨간색 사우나 의자가 여섯 개 놓여 있어 시선을 끈다. 다양한 사우나와 차가운 냉탕, 그리고 특유의 사우나 의자까지 갖춘 이곳은 사우나를 좋아하는 이들에게 충분한 만족을 주는 공간이다.

세종·대전 2탕

조치원드림사우나

몸이 찌뿌드드한 어른들의 놀이터

❖ 주소	세종 조치원읍 행복1길 8
❖ 전화	044-867-3007
❖ 정기 휴일	연중무휴
❖ 목욕비	7,000원

놀이 시설이 많지 않았던 어린 시절, 목욕탕은 훌륭한 놀이터 가운데 하나였다. 어른이 된 지금도 목욕탕은 여전히 좋은 놀이터다. 어린 시절에는 어른들의 눈총을 받으면서도 냉탕에서 물장구를 치고 잠수하며 놀았다면, 어른이 된 지금은 일상에서 잠시 벗어나 조용히 시간을 보내는 공간이다.

여럿이 한 공간을 공유하면서도 굳이 말을 나누지 않아도 좋다. 커다란 욕조에 몸을 담그고 뜨겁고 차가운 물을 오가며 사우나실에서 땀을 흘리고 휴게실 의자에 앉아 음료수를 마시는 행위는 어른들이 즐길 수 있는 또 하나의 놀이이자 휴식이다.

다양한 욕조와
사우나의 매력

조치원드림사우나는 그런 의미에서 어른들의 놀이터로 손색없는 곳이다. 단출하게 온탕, 냉탕과 사우나실만 갖춘 목욕탕도 충분히 좋지만, 가끔은 집밥 대신 뷔페를 찾듯 다양한 욕조와 사우나가 마련된 공간이 그리워질 때가 있다. 조치원드림사우나는 바로 그런 욕구를 충족시켜 주는

목욕탕이다

조치원드림사우나의 가장 큰 특징은 온도가 조금씩 다른 소형 욕조가 다섯 개나 있다는 점이다. 36도부터 44도까지 다양하게 마련되어 있어 뜨거운 물을 어려워하는 어린아이부터 아주 뜨거운 물을 즐기는 어르신까지 각자 선호하는 온도의 욕조를 고를 수 있다. 여기에 여섯 명 정도 들어갈 수 있는 안마탕도 따로 마련되어 있다.

냉탕도 두 개가 나란히 자리하고 있다. 넓은 냉탕에는 수중 안마기가 설치되어 있고, 좁은 냉탕에는 천장에서 냉수 폭포가 떨어지도록 꾸며져 있어 선택의 재미가 있다. 사우나에서 달궈진 몸을 냉탕에 담근 뒤 수중 안마기를 통해 나오는 물줄기를 맞으면 쌓였던 피로가 단번에 씻겨 내려가는 듯한 기분을 준다.

휴식까지
책임지는 공간

사우나실은 세 종류다. 83~85도의 비교적 온화한 건식 사우나, 플라스틱 재질의 1인용 사우나 벤치 세 개가 놓인 습식 사우나, 그리고 약 60도의 원적외선 탄소 방열 사우나가 있다. 각각의 온도와 분위기가 달라 기분에 따라 골라 들어갈 수 있다.

　욕실 내 휴식 공간도 충실하다. 건식 사우나 옆 독립된 공간에는 사우나 베드 세 개가 놓여 있어 다른 사람의 시선을 의식하지 않고 편히 누워 있기에 좋다. 대리석으로 꾸며진 암반욕 스타일의 공간도 있어 목욕과 사우나 뒤에 온전히 몸을 뉘이며 쉴 수 있다. 이처럼 다양한 욕조와 세 가지 사우나, 넉넉한 휴식 공간까지 있는 조치원드림사우나는 나 같은 사람에게는 단순히 씻고 나오는 공간을 넘어 어른들을 위한 또 하나의 놀이터가 되어 준다.

5세 이상 남아 여탕 출입 금지(사진 속 목욕비는 2019년 기준)

화성모텔목욕탕

대 전

마음마저 따스한 '저, 온탕'

❖ **주소**　　대전 중구 충무로 160-1

❖ **전화**　　042-271-7198

❖ **정기 휴일**　　매주 수요일

❖ **목욕비**　　7,000원

대전에는 여러 형태의 목욕탕 굴뚝이 공존한다. 경인 지역에서 흔히 볼 수 있는 가늘고 높게 솟은 붉은 벽돌 사각 굴뚝이 있는가 하면, 경상권에서 보이는 콘크리트 원통형 굴뚝도 눈에 띈다. 여기에 더해 낮고 굵은 사각 형태의 콘크리트 굴뚝과 붉은 벽돌 굴뚝까지 있어 형태가 한층 다양하다. 서울과 부산에서 출발한 굴뚝 양식이 대전에서 만나 섞인 결과일까?

물이 좋다,
화성목욕탕

옛 한화야구경기장 인근에 있는 화성목욕탕은 경인 지역에서 보이는 가늘고 높은 붉은 벽돌 사각 굴뚝을 갖고 있다. 다만 굴뚝에 이름은 새겨져 있지 않아 애초에 없었던 것인지, 세월의 풍파에 사라진 것인지는 알 수 없다. 굴뚝을 바라보며 큰 도로에서 목욕탕 입구가 있는 골목으로 들어서자 '물이 좋다, 화성목욕탕'이라는 현수막이 눈에 들어왔다. 모텔과 목욕탕을 함께 운영하는데, 이런 형태는 옛 도심지에 아직도 제법 남아 있다. 주차장이 넓은 것도 특징이라 차를 가져갈 때 이용하기 편리하다.

욕실 구조는 단순하다. 가운데 큰 욕조가 있고 그 뒤쪽에 냉탕이 자리한다. 냉탕 왼편에는 사우나, 오른편에는 세신실과 온탕이 있어 전체적으로 심플하다. 이곳에서 가장 인상 깊었던 공간은 온탕이다. 벽에는 '저, 온탕'이라는 글자와 함께 '뜨거운 탕은 중앙에 있는 탕을 이용하여 주세요'라는 안내문이 붙어 있다. 일반적인 미온탕보다는 조금 뜨겁고 온탕보다는 약간 낮은 온도로, 그 절묘한 온도가 몸을 편안하게 감싸 준다. 마치 '태아 때 엄마 뱃속에 있는 게 이런 기분은 아닐까' 하는 상상까지 하게 만들 만

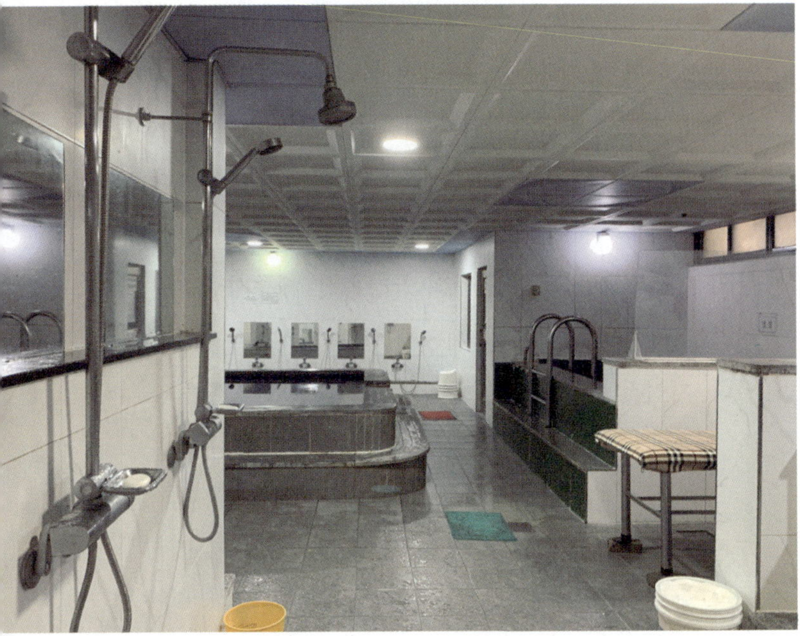

큼 따스하고 아늑하다. 손가락이 물에 불어 쭈글쭈글해질
때까지 앉아 있어도 나가기가 싫을 정도로 매력이 있다. 머
리로는 '이제 나가야지' 하면서도 몸은 움직이지 않는다.

충청권에서는 이런 미온탕을 종종 볼 수 있다. 대전 중
구의 오성목욕탕, 충남 공주의 금강온천, 세종시 조치원드
림사우나에도 36도 안팎, 체온과 비슷한 욕조가 마련되어
있다. 지역적 특징으로 자리 잡은 것인지도 모르겠다.

두런두런 몸을 씻고
정을 쌓는 공간

여탕에서는 세신사와 손님이 스스럼없이 이야기를 나눈다
는데, 남탕에서 그런 모습을 본 적은 거의 없다. 그런데 그
장면을 이곳에서 직접 경험했다. 온탕에 몸을 담그고 평온
하게 쉬고 있는데, 바로 옆 세신실에서 세신사와 손님의
대화가 낮은 담 너머로 들려왔다.

"얼마 전 수술을 해서 자주 못 왔어요."

"어디를 수술하셨는데요?"

"폐암에 걸려서요."

"아, 그럼 비용도 많이 드셨겠네요."

"아니에요. 아내가 보험을 잘 들어놔서 큰 부담은 없었어요."

"현명한 사모님을 두셨네요."

"제가 결혼을 잘했죠, 허허."

수술 이후 생활 습관을 조심해야 한다는 이야기로 이어지는 대화를 들으며 마음이 따뜻해졌다. 사람 사는 이야기를 들으며 눈을 감고 따스한 물에 잠기니 절로 입꼬리가 올라갔다.

대전 지역의 다양한 목욕탕 굴뚝들

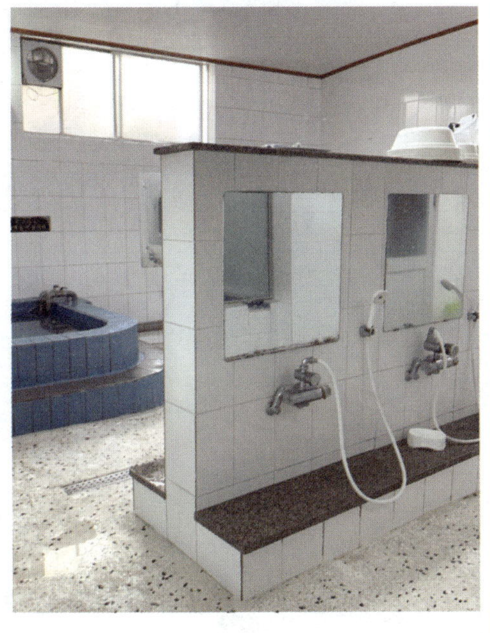

제주1탕

신일탕

칫솔걸이가 늘어선 50년 넘은 목욕탕

❖ **주소** 제주 제주시 전농로3길 9

❖ **전화** 064-757-0287

평지에 우뚝 서 멀리서도 보이는 신일탕의 굴뚝

제주도의 목욕탕에서 높디높은 굴뚝을 보게 될 줄은 예상하지 못했다. 그래서일까? 신일탕의 굴뚝은 지금까지 보아온 목욕탕 굴뚝 가운데 가장 높아 보였다. 지도앱을 따라 걸어가던 길, 주변에 높은 건물도 없고 평지여서 멀리서도 금세 눈에 띄었다. 다만 오랜 세월 바닷바람과 햇살에 시

달린 탓일까, 굴뚝에 적힌 '신일탕' 글씨는 거의 지워져 가까이 다가가서야 이름을 확인할 수 있었다.

아담하지만
알찬 공간

2층 규모의 목욕탕 건물은 얼핏 보면 평범한 가정 주택처럼 보였다. 만약 높은 굴뚝이 없었다면 목욕탕임을 알아차리기 어려웠을 것이다. 지어진 지 50년 가까이 되었지만, 하얀 외벽은 잘 관리되어 세월의 흔적을 느낄 수 없었다. 내부도 마찬가지였다. 탈의실과 욕실은 제때 리모델링이 이루어져 깔끔했고, 새 수건이 준비되어 있을 정도로 관리 상태가 좋았다.

높은 굴뚝과 달리 탈의실과 욕실은 놀라울 만큼 아담했다. 작은 온탕 하나, 두 사람이 들어가면 가득 차는 미니 사우나실, 약간 큰 냉탕 하나가 전부다. 아주 작은 욕실이지만 필요한 시설은 빠짐없이 갖추고 있었다. 게다가 햇살이 잘 들어와 한층 넓고 쾌적하게 느껴졌다. 규모보다 중요한 것은 관리와 분위기임을 보여 주는 공간이었다.

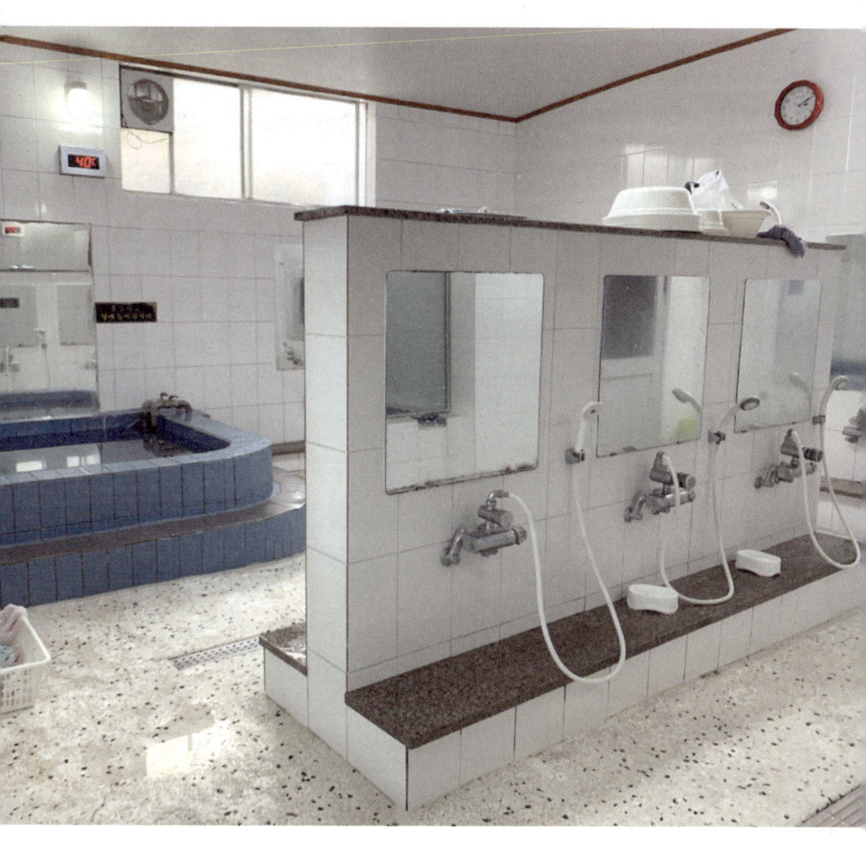

아담하지만 청결하고 밝은 분위기가 쾌적하다.

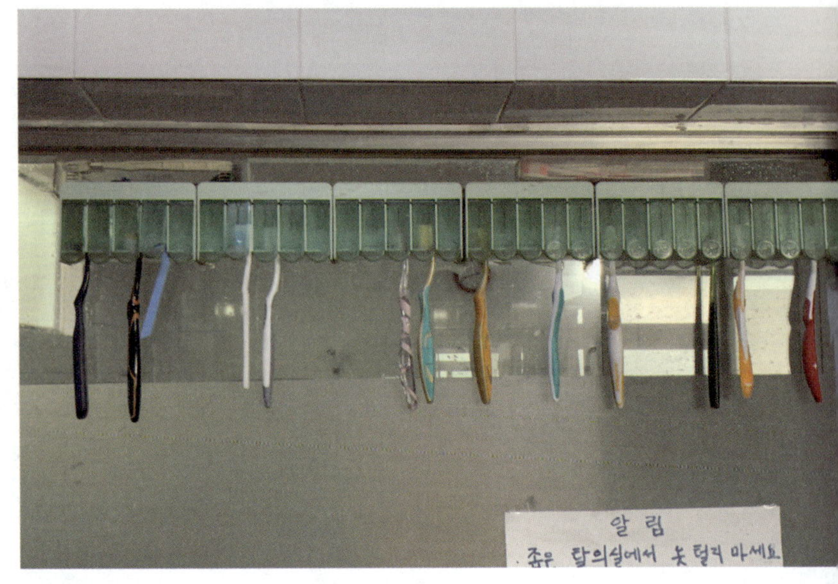

줄지어 늘어선 단골들의 칫솔

칫솔걸이가 늘어선
욕실

탈의실을 둘러보며 이 목욕탕에는 매일 찾는 단골이 많을
것이라 짐작했다. 보통 주민들이 애용하는 목욕탕은 옷장
위에 놓인 목욕 바구니로 알 수 있는데, 신일탕에는 대신
욕실 유리창 위에 칫솔걸이가 붙어 있었다. 목욕은 가끔
할 수 있지만 양치질은 매일 해야 한다. 매일 사용하는 칫

  전국 목욕탕 탐방

솔을 목욕탕에 보관한다는 것은 곧 이곳을 생활의 일부로 삼는다는 뜻일 것이다. 작은 생활 도구가 전하는 단골들의 흔적에서 동네 목욕탕만의 친근한 풍경을 읽을 수 있었다.

전국의 오래된 목욕탕을 다니다 보면 반가운 설비가 있다. 바로 자동 등밀이 기계다. 주로 부산을 비롯한 경상도 지역의 목욕탕에서 많이 보던 설비였는데, 제주도의 오래된 목욕탕에서 이 기계를 마주하게 될 줄은 미처 생각하지 못했다.

단골들이 목욕탕에
아예 두고 다니는
목욕용품 보관함

목욕탕 구석구석
멋대로 탐방

바가지탕

오래된 목욕탕에서만
볼 수 있는 풍경

목욕탕의 연식을 가늠할 수 있는 것 중 하나가 바가지탕이다. 바가지탕은 열탕, 온탕, 냉탕처럼 몸을 담그는 탕이 아니다. 바가지로 물을 퍼서 몸의 때나 비누 거품을 씻어 내는 용도로 사용되는 탕이다.

예전에는 목욕탕에 샤워기가 제대로 설치되지 않았기 때문에 뜨거운 탕에 들어가 때를 불린 뒤 이 바가지탕으로 와서 때를 미는 사람이 많았다. 요즘은 때를 미는 사람도 거의 없고, 샤워 시설도 잘 갖춰져 있어서 그런지 새로 지은 목욕탕에서는 바가지탕을 거의 볼 수 없다.

일부러 오래된 목욕탕을 찾아다니는데, 문을 열고 욕실로 들어섰을 때 이 바가지탕이 보이면 그렇게 반가울 수가 없다. 그리고 그 바가지탕 옆에서 때를 밀고 있는 분이 계시면 더 반갑다. 때를 민 후 샤워기 대신 바가지로 물을 떠서 몸에 쫙 끼얹으면서 때를 씻어 내는 모습을 보고 있노라면 내 몸의 때도 함께 씻겨 나가는 기분이 든다. 물청소할 때 샤워기로 물을 뿌리는 것보다 양동이에 담은 물을 한꺼번에 바닥에 쫙 뿌릴 때 느껴지는 시원함과 비슷한 쾌감이 전해져 온다.

바가지탕의
추억

요즘 목욕탕에는 열탕, 온탕처럼 다양한 온도의 탕이 있지만, 내가 어릴 적에는 대부분 냉탕과 온탕 두 개뿐이었다. 그런데 그 온탕이 어린 나에게는 결코 온탕이 아니었다. 지금의 열탕만큼이나 뜨거워서 발조차 제대로 담그지 못할 정도였다. 게다가 운이 나쁘면 어르신 한 분이 뜨거운 탕에 들어가 온수의 밸브를 힘껏 틀어 뜨거운 물을 욕조 안으로 더 쏟아부으셨다. 그리고는 그 뜨거운 물이 욕조 구석구석 잘 퍼지도록 바가지로 탕 안을 휘휘 저으셨다. 그러면 뜨거운 물결이 욕조 안에서 파도를 치며 욕조

밖으로 흘러넘쳤는데, 그 물조차 발끝에 닿으면 화들짝 놀
랄 정도로 뜨거웠다.

여름이면 냉탕에 들어가 놀 수도 있었지만, 추운 겨울의
냉탕은 너무 차가워 들어가기 힘들었다. 그 넓은 목욕탕
안에 갈 곳이라곤 바가지탕밖에 없었다. 어른들이 없을 때
눈치를 살피며 바가지탕에 들어갔다. 때를 민 후 몸에 끼
얹는 용도로 쓰다 보니 바가지탕은 대체로 미지근한 온도
를 유지했다. 욕조 크기도 작아서 수도꼭지만 잘 조절하면
내가 원하는 온도로 금방 맞출 수도 있었다. 가끔 바가지
탕에 들어갔다가 어른들께 혼이 나기도 했지만, 뜨겁지 않
은 물을 만날 수 있는 그 바가지탕은 어린 나에게 참으로
고마운 존재였다.

(부산 기장군) 약수탕

　　　　　　　　전국 목욕탕 탐방

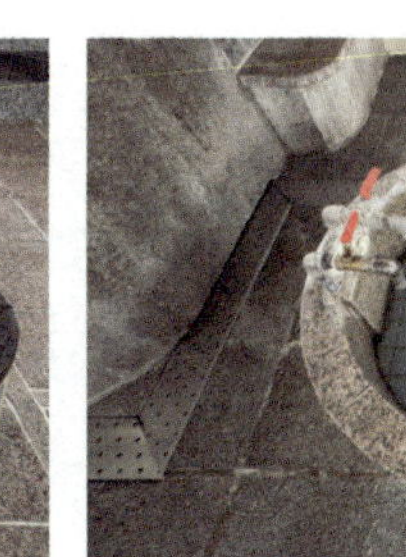

(부산 사하구) 하남탕   (부산 서구) 구덕탕

(부산 수영구) 옥천탕   (서울 마포구) 성산탕

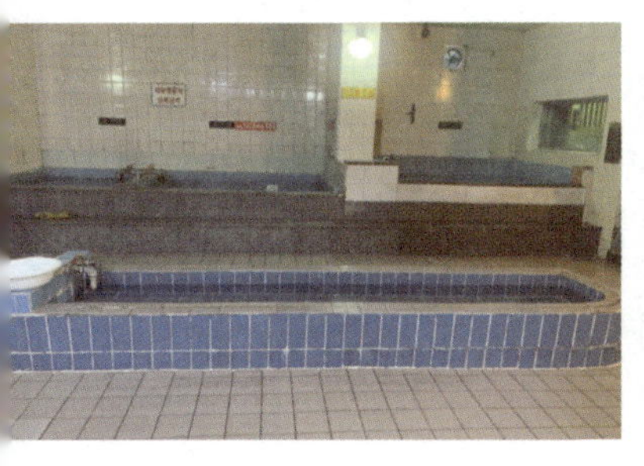

(서울 용산구) 원삼탕   (전남 나주) 서룡목욕탕

타일 벽화

목욕탕 그림은
일본 센토의 얼굴

도쿄 대중목욕탕의 상징,
후지산 페인트 벽화

일본의 공중목욕탕인 센토(銭湯) 가운데에는 욕실 한쪽 벽면에 후지산이나 지역 명소를 그려 놓은 곳이 많다. 특히 도쿄의 센토를 상징하는 대표적인 이미지가 바로 욕실의 벽면 가득히 페인트로 그린 후지산 풍경이다. 도쿄를 소개하는 관광 홍보물에도 이 후지산 벽화는 빠지지 않고 등장할 정도로, 도쿄 대중목욕탕 문화를 대표하는 시각적 상징으로 자리잡고 있다.

이 페인트 벽화를 가장 먼저 시도한 곳은 도쿄 치요다구

에 있었던 기카이유(キカイ湯)로, 1912년에 처음 후지산 벽화를 그린 것으로 알려져 있다(목욕탕은 1971년에 폐업). 당시 기카이유 주인장은 아이들이 좀 더 즐겁게 목욕탕을 찾을 수 있는 방법을 고민하다가 삭막한 욕실 벽면을 그림으로 채우는 방법을 생각해 냈다. 그는 화가인 카와고에 고시로에게 벽화 제작을 의뢰했고, 시즈오카현 가케가와시 출신이었던 이 화가는 자신의 고향에서 바라본 후지산의 풍경을 욕실 벽면에 재현했다.

일본의 상징이자 신앙의 대상이기도 한 후지산을 바라보며 욕조에 몸을 담그는 경험은 손님들에게 신선한 매력으로 다가왔고, 벽화가 입소문을 타면서 점점 손님도 늘어났다. 이후 이 벽화 아이디어는 다른 센토에도 빠르게 확산되었다.

다자이 오사무는 1939년 발표한 단편 〈부악백경富嶽百景〉에서 야마나시현의 미사카 고개에서 바라본 후지산을 두고 '마치 목욕탕의 페인트 벽화 같다'라고 묘사한 바 있다. 이 문장으로 미루어 보아 1930년대에는 이미 후지산 페인트 벽화가 도쿄 센토의 일반적인 특징으로 자리 잡았음을 알 수 있다.

교토 옛 쿠죠유의 모자이크 타일

교토 목욕탕의
욕실 벽화

도쿄를 포함하여 간토 지방의 목욕탕에서는 계절과 시간
에 따라 다양한 모습을 지닌 후지산을 페인트 벽화로 표현
해 놓은 곳이 많은 반면, 교토를 비롯한 간사이 지방의 목
욕탕은 타일을 이용한 모자이크 벽화가 있는 곳이 많다.

지금은 폐업한 야나기유(柳湯)는 벚꽃이 만개한 헤이안신궁의 정원인 신원(神苑)을 그린 모자이크 타일 벽화로 유명했다. 1917년 창업한 쵸자유(長者湯)에서는 겨울의 금각사[남탕], 봄의 기요미즈데라 무대[여탕]를 묘사한 타일 벽화를 볼 수 있다. 앵무새들이 있는 목욕탕으로도 유명한 마츠바유(松葉湯)에는 웅장한 알프스산맥을 배경으로 시원하게 펼쳐진 호수가 타일 벽화로 표현되어 있다.

한국 목욕탕에
타일 벽화가 있다

일본의 대중목욕탕에 비해 그 수가 많지는 않지만 우리나라에도 벽화가 있는 특색 있는 목욕탕이 있다. 아크릴 물감 등으로 타일에 직접 그림을 그린 후 코팅을 하거나, 타일 안료로 그린 후 가마에 구워 낸 타일을 붙이는 방법으로 타일 벽화를 만들었다. 그래서 타일 벽화를 가까이에서 보고 만져 보면 붓 터치를 확인할 수 있다. 목욕탕 벽화에 자주 등장하는 소재는 폭포인데 주로 냉탕이 있는 벽면에 그려졌다. 이는 차가운 냉탕에 앉아 마치 폭포수를 맞는 듯한 기분을 느낄 수 있도록 시각적 쾌감을 극대화하기 위해 선택된 것으로 보인다. 특히 나이아가라 폭포를 그린 곳이 많은데, 나이아가라가 세계적으로 가장 유명한 폭포이기도 하겠지만, 1970~80년대 컬러 브로마이드나 달력, 교과서 등에 자주 등장하면서 폭포의 대명사로 인식되었기 때문일 것이다.

일본에는 도쿄를 중심으로 활동하는 페인트 벽화 전문 화가들이 있다. 반면, 우리나라의 목욕탕 벽화는 전문 화가의 작업보다는 미술 전공자나 미대생, 혹은 타일 제작자에게 의뢰해 제작된 경우가 많다. 그 때문에 전체적으로 다소 아마추어적인 인상이 강하긴 하지만, 그만큼 정감이 가고 유쾌한 상상력이 돋보이는 경우도 많다.

일부러 찾아가 볼 만한
목욕탕들

타일 벽화는 비용이 많이 든다. 특히 타일 안료로 그림을 그린 뒤 가마에 구워 낸 타일을 사용하면 제작 비용이 만만치 않다. 그럼에도 불구하고 욕실의 커다란 벽에 타일 벽화를 만든 목욕탕 주인들은 기카이유의 주인장처럼 손님들이 좀 더 즐겁게 목욕을 즐길 수 있도록 배려하려는 마음에서 그랬을 것이다. 그래서 목욕탕에서 타일 벽화를 마주치게 되면 자연스레 주인장의 그런 마음이 떠올라 고마운 마음이 든다. 괜히 다시 들러 보고 싶어진다.

나이아가라 폭포를 그린 부산 기장의 약수탕과 제주의 대흥탕, 압도적인 크기의 벽화가 있는 오산의 갈곶목욕탕과 부산 해운대의 해운온천은 모두 타일 벽화가 인상적인 곳으로 일부러 찾아가 볼 만한 가치가 있다. 갈매기가 나는 하늘과 돌고래가 헤엄치는 바다 풍경을 그린 서울 영등포구의 동남사우나의 벽화 역시 특색 있는 타일 벽화다. 서울 동작구의 약수탕은 남탕에는 북극곰이 어슬렁거리는 북극의 설경이, 여탕에는 수면 위로 점프하는 돌고래가 그려져 있다. 미대생이 아르바이트로 그린 벽화라 그림 솜씨는 조금 아쉬울지 몰라도 유쾌한 상상력 덕분에 다시 찾고 싶어지는 공간이다. 여름에 피서 삼아 들르기에도 괜찮다.

(부산 기장군) 약수탕

(서울 동작구) 약수탕

(서울 동작구) 약수탕

(서울 여의도) 시범사우나

일본의
페인트 벽화 화가들

일본에는 현역 페인트 벽화 전문 화가가 3명이 있다. 마루야마 키요토(丸山清人, 1934년생), 나카지마 모리오(中島盛夫, 1945년생), 그리고 타나카 미즈키(田中みずき, 1983년생)로, 이들은 일본의 목욕탕 팬들 사이에서는 꽤 알려진 인물들이다. 이들이 작업한 목욕탕 벽화 하단에는 화가의 서명이 남겨지며, 이들의 그림을 찾아다니는 팬들도 존재한다. 팬들은 각 화가가 그린 목욕탕의 목록을 정리하고, 그림의 주제나 화풍을 비교 분석하는 자료를 공유하기도 한다. 심지어 목욕탕별로 페인트 벽화의 작가 정보 등을 정리한 사이트까지 있을 정도로 목욕탕의 페인트 그림을 좋아하는 팬은 많다.

　페인트 벽화를 그리는 작업은 보통 정기 휴일 단 하루 만에 거대한 욕실 벽화 하나를 완성해야 하는 고된 일정으로 진행된다. 1935년생인 마루야마와 1945년생인 나카지마는 나이로만 보면 은퇴했을 법도 하지만 여전히 활동 중이다. 최근 마루야마는 욕실 벽 대신 대형 캔버스에 페인트 벽화풍의 그림을 그리는 방식으로 작업을 하고 있으며, 2025년에는 90세를 맞아 손자와 함께 전시회를 열었다. 나카지마는 실제 작업 현장을 목욕탕 팬들이 참관할 수 있는 이벤트 형식으로 개방해 교류를 이어 가고 있다.

한편, 대학에서 미술사를 전공한 타나카 미즈키는 2004년 나카지마의 제자로 들어가 9년간 수련을 거친 뒤 2013년 독립했다. 타나카는 SNS를 통해 작업 과정을 공유하고, 다양한 목욕탕 관련 행사에 적극 참여하면서 주목받고 있다. 2021년에는 페인트 그림 화가라는 직업의 매력, 전통을 지켜 나가는 사명감, 인상에 남는 작품 등에 대한 글을 모은 책,《나는 목욕탕 페인트 그림 화가(わたしは銭湯 ペンキ絵師)》를 출간하며 더욱 주목받았다.

목욕 요금

1980년대까지
주요 생활 물가 지표

목욕탕 앞의 작은 거짓말

설날 아침, 떡국을 먹으면 한 살을 더 먹는다는 말을 듣고 어릴 적엔 일부러 떡국을 두 그릇씩 먹기도 했다. 한 살이라도 빨리 어른이 되고 싶던 시절이었다. 그런데 막상 목욕탕에 가면 내 진짜 나이를 낮춰 이야기해야 했다. 부모님의 손에 이끌려 목욕탕에 갈 때면, 목욕탕이 보이는 골목 어귀에서부터 내 손을 꼭 잡고 나이를 낮춰 말하라며 신신당부하셨다.

당시에는 목욕 요금을 조금이라도 아끼기 위해 어린 척을 하는 일이 흔했다. 가난하던 그 시절, 목욕 요금은 결코 가벼운 비용이 아니었다. 아이에게 거짓말을 시켜서라도 몇백 원을 아끼려는 마음은 팍팍한 살림살이 속에서 나온 어쩔 수 없는 선택이었을 것이다. 지금은 부모님의 그 마음을 이해하지만, 당시 어린 나는 부모님을 따라 목욕탕에 가는 것이 싫어 몰래 도망가고 싶을 때도 많았다.

명절이면 벌어지던
'목욕 요금 전쟁'

1980년대까지만 해도 보편적인 주거 형태로 아파트가 자리 잡기 전이라 대부분의 서민들은 집에 제대로 된 욕실이 없어 목욕탕을 찾았다. 당시에는 목욕 요금이 생활 물가의 대표 지표로 활용될 만큼 민감한 사안이었다. 특히 명절이나 연말연시를 앞두고는 목욕탕을 찾는 이들이 급증하면서 요금 인상을 둘러싼 갈등이 자주 벌어졌다.

실제로 목욕탕을 키워드로 1960~80년대 신문 기사를 검색해 보면 가장 많이 등장하는 기사 중 하나가 목욕 요금 인상 관련 기사다. 명절 대목을 앞두고 목욕업자들은 목욕 요금을 올리려 했고, 정부는 서민 물가 안정을 이유로 목욕 요금 단속에 나섰다. 그래서 해마다 목욕 요금 인상 폭을 둘러싸고 목욕업자와 정부 간의 줄다리기가 반복되었다.

당시, 목욕 요금 인상 문제에는 시민 단체들의 반발도 컸다. 일례로 1966년에는 여성 단체가 목욕 요금 인상 반대 운동을 벌이기도 했다. 아이들은 집에서 목욕을 시키고, 내의를 자주 갈아입혀 목욕탕에 자주 안 가도록 하자는 내용이었다. 목욕 요금이 생활비의 큰 부담이 되던 그 시절에서나 볼 수 있던 모습이다.

목욕 요금
자율화

목욕 요금은 1990년대에 들어서야 비로소 자율의 시대를 맞았다. 그 전까지는 정부가 정해 주는 '관인 요금'을 거쳐, 민과 관이 협의해 결정하는 '협정 요금', 그리고 가격 표시 대상 업종 고시 등 형태는 바뀌었지만 여전히 목욕 요금 책정에는 정부의 개입이 있었다. 1990년에 대중 서비스 요금이 자율화되면서 목욕탕 업주들도 시설과 위치, 서비스에 따라 요금을 차별화할 수 있게 됐다. 1992년 서울과 수도권의 목욕 요금은 1,900원에서 2,000원 선으로 형성됐다. 이후 물가 상승과 '최신식'이나 '고급'을 내세운 스파와 찜질방 등의 등장으로 가격은 계속 올랐고, 지금은 5천 원에서 만 원이 넘는 요금까지 천차만별인 시대가 됐다.

탈의실의 바구니

옷을
보관하는 방식

___

일본 온천을 처음 찾았을 때, 제일 먼저 당황스러웠던 건 탈의실의 옷장이었다. 아니 옷을 보관하는 방식이었다. 우리에겐 익숙한 잠금장치가 달린 옷장은 보이지 않고, 대신 사각형 바구니들만 선반 위에 가지런히 정렬되어 있었다. 혹시 내가 잘못 들어왔나 싶어 탈의실 밖으로 나가 옷장을 찾아보고, 다시 탈의실로 돌아와 한참을 두리번거렸지만 그래도 없었다. 어찌할 바를 몰라 서성이고 있던 그때, 일본인 손님 몇 명이 들어와 유카타(여름 축제 때 입는 얇은 옷으로 온천 여관에서 실내복으로도 사용되는 가벼운 가운 같은 옷)를 벗어 바구니에 담고는 자연스레 욕실로 향하는 모습을 봤다. 귀중품도 없었지만 남들 눈에 훤히 보이는 바구니에

교토 옛 쿠죠유의 옷 바구니와 옷장

내 옷과 소지품을 넣는다는 게 왠지 찜찜했다. 그렇지만 '로마에 가면 로마법을 따르라'는 말처럼, 나도 이들을 따라 옷을 바구니에 담고 욕실로 들어갔다.

교토 목욕탕에서의
재회

이 옷 바구니를 다시 마주친 건 교토 여행 중 들린 작은 대중목욕탕, 지금은 역사 속으로 사라진 니시키유(錦湯)에서었다. 다행히 이곳에는 낡은 옷장도 함께 있었다. 손님들이 바구니를 사용하는 방법은 크게 두 가지다. 군데군데 수선 자국이 남아 있는 오래된 바구니만 사용하거나, 바구니에 옷을 담아 다시 옷장 안에 넣는 방식이다.

교토의 여러 목욕탕을 다니다 보니 알게 된 사실인데, 바구니와 옷장을 활용한 옷 보관 방식은 교토 목욕탕의 특징 중 하나다. 그래서인지 교토 목욕탕의 옷장들은 입구가 가로로 길쭉하고, 안쪽은 꽤 깊다. 요즘은 플라스틱 바구니를 두고 있는 목욕탕이 대부분이지만, 오래된 목욕탕 중에는 야나기고리(柳行李)라 불리는 전통 수공예 바구니를 아직까지 사용하고 있는 곳이 제법 있다. 이 야나기고리는 대나무나 버드나무를 정성스레 엮어 만든 것으로, 아주 비싸다. 그래서 헤지거나 파손이 되면 그것을 수리해 가며 사용하는데 50년 이상 사용한 바구니가 아직 현역으로 남아 있는 목욕탕도 적지 않다.

**한국의 목욕탕에서
다시 만나다.**

이런 옷 바구니 문화가 일본에만 있는 줄 알았는데, 뜻밖

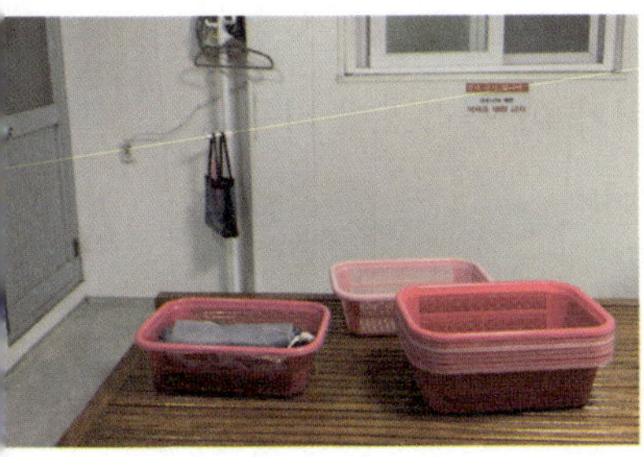

(경남 남해군) 창선탕

(경남 사천시) 한우탕

(경남 통영시) 항남목욕탕

(경남 함양군) 용호탕

에도 한국 시골 목욕탕에도 남아 있었다. 경남 통영시의 항남목욕탕, 남해군의 창선탕, 사천시의 한우탕, 함양군의 용호탕에서 이 바구니를 보았을 때의 반가움이란.

다만 이곳의 바구니는 시장 좌판에서 물건 담을 때 흔히 볼 수 있는 원색의 플라스틱 바구니였다. 그 안에는 땀이 밴 작업복이 구겨져 있고, 심지어 개켜 놓은 옷 위에 스마

트폰이 아무렇지 않게 올려져 있는 모습도 있었다. 도둑을
걱정하지 않는 마을의 정서와 신뢰가 이 플라스틱 바구니
에 담긴 옷가지를 보고 알 수 있었다.

전기탕

다양한 욕조들 가운데
가장 어려운 욕조

목욕탕 욕실 안으로 들어가면 다양한 욕조가 있다. 냉탕, 온탕, 쑥탕, 약탕…. 그리고 오래된 목욕탕 중에는 '전기탕'이라는 독특한 욕조가 있는 곳이 있다. 전기탕은 물에 미세한 전류를 흘려 근육을 자극하고 피로를 풀어 주는 개념의 욕조다. 사람 몸에 해가 없을 정도의 약한 전류를 물에 흘려보내 근육과 신경을 자극하는 원리다. 욕조 벽 양쪽에는 전극판이 달려 있는데, 그 근처에 손을 넣어 보면 찌릿찌릿하게 전기가 통하는 것이 느껴진다. 다만, 욕조 전체에 전기가 균일하게 흐르는 것은 아니고, 전극판을 중심으로 반원형으로 퍼져나가기 때문에 어느 지점에서는 약하게, 어느 지점에서는 강하게 느껴진다.

전기탕의
기원과 역사

일본에서 전기탕이 등장한 것은 1922년경으로, 고베의 한 목욕탕에 설치됐다는 신문 기사가 있다. 1928년에는 《신청춘》이라는 잡지의 4월호에 〈전기탕 의문사 사건(電気風呂の怪死事件)〉이라는 단편 소설도 실렸다. 일본 SF 소설의 선구자로 불리는 운노 주자의 데뷔작으로 알려져 있다.

이 소설은 무카이이유(向井湯)라는 목욕탕에서 벌어진 남녀 살인 사건을 형사 아카바네가 해결하는 내용의 추리물이다. 도입부에 "요키치가 자주 가는 센토는 무카이이유라고 하는 이름이 있지만, 요즘 대유행하는 전기탕이 있어서 보통 전기탕이라고 부른다"라는 구절이 나온다. 이걸 보면 1920년대에 이미 전기탕이 일본 대중목욕탕에 꽤 퍼져 있었음을 짐작할 수 있다. 그리고 일제 강점기에 이 전기탕이 우리나라에도 들어왔을 가능성을 생각해 볼 수 있다.

일본에는 전국의 전기탕이 있는 목욕탕을 찾아다니며 기록하고 책까지 펴낸 켄친이라는 사람이 있다. 그가 소개한 전기탕 이용법은 이렇다.

"전기탕에 들어갈 때는 손부터 넣지 않는 것이 중요하다. 손은 전기에 가장 민감한 부위라 둔감한 엉덩이부터

들어가서 조금씩 위치를 바꿔 가며 안전한 곳을 찾는 것이
비법이라면 비법이다. 먼저, 욕조 벽 쪽으로 등을 향하게
하고 쪼그려 앉은 뒤, 전극판 사이를 조심스레 지나며 전
기의 세기를 느껴 본다. 견딜 만하면 욕조의 가장자리까지
이동해 편안하게 자리 잡는다. 처음엔 15초 정도만 있어
보고 익숙해지면 1분까지 버틴다.”

이렇게 전기탕에 1분 있다가 나와 냉탕으로 들어가는
걸 세 번 반복하면 근육통이나 결림이 풀린다고 한다.

목욕탕에서
유일하게 어려운 존재

여전히 나에게는 목욕탕에서 가장 어려운 욕조지만, 그래
도 오래된 목욕탕의 상징 같은 존재라 발견하면 반갑다.
한참 동안 외면하다 얼마 전부터 켄친의 방법을 따라 조금
씩 전기탕에 도전하고 있다. 일본의 동네 목욕탕에는 대부
분 전기탕이 있어 일본 여행을 할 때면 꾸준히 도전한다.
부산 영도구의 장수탕, 천일탕, 사하구의 백남탕, 수영구
의 미주탕, 전북 정읍의 중앙목욕탕 등에서 지금도 전기탕
을 만날 수 있다.

원삼탕의 전기탕, 타일 벽 쪽에 전극판이 보인다.

원삼탕의 전기탕 안내문

자동 등밀이 기계

혼자 갔을 때
고마운 존재

목욕탕에서 가장 곤혹스러울 때가 있는데, 모르는 분이 때수건을 들고 와서 등을 밀어달라고 부탁할 때다. 요즘은 거의 사라진 풍경이지만, 예전에는 혼자 때를 밀다 주위를 두리번거리며 눈빛을 보내는 이들이 제법 있었다. 십중팔구는 등밀이를 부탁할 사람을 찾는 중이었고, 그 시선은 대개 젊은 편인 나에게 머물렀다. 결국 눈이 마주치고 이내 부탁을 받게 되면 등을 밀어드리곤 했지만, 세게 밀면 아파하실까 걱정되고, 대충 하면 미안한 마음에 늘 불편했다. 그래서 어느 순간부터는 자동 등밀이 기계가 있는 목욕탕만 찾게 되었다. 부탁을 받을 일도 없고, 조용히 목욕에만 집중할 수 있어서다.

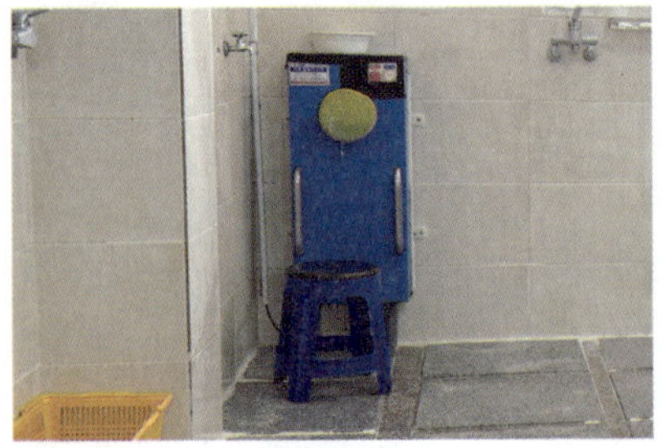

앵화탕

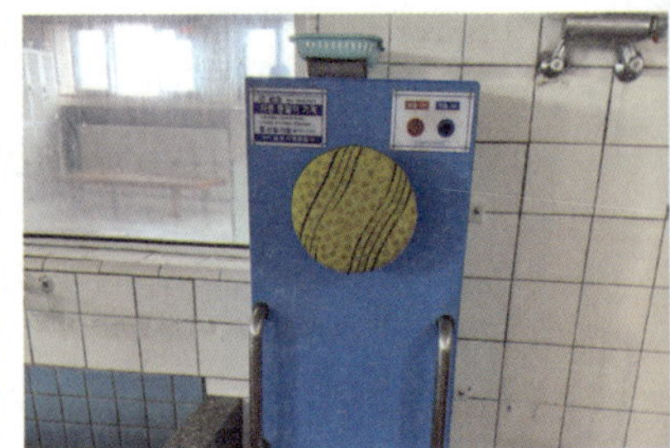

구덕탕

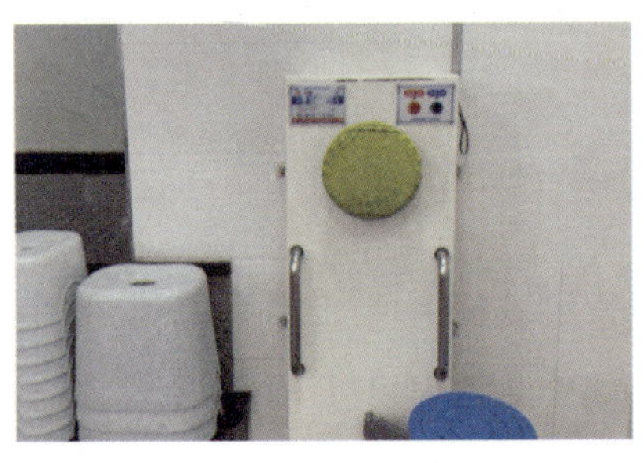

하남탕

동아탕

　자동 등밀이 기계, 일명 때밀이 기계는 흔히 부산·경남 지역에만 있는 것으로 알려져 있지만, 꼭 그렇지도 않다. 지금도 전국 곳곳에 자동 등밀이 기계가 남아 있는 목욕탕들이 있다. 다만 부산·경남 지역은 거의 모든 목욕탕에 설치되어 있는 반면, 다른 지역은 일부 목욕탕에만 남아 있는 정도의 지역 특색이 있을 뿐이다. 이 기계의 초창기 모델은 1981년 부산에서 처음 등장했다. 100원짜리 동전을 넣으면 때수건을 감은 원형 헤드가 회전하며 등을 밀어주는 방식이었다. 초기 제품은 나무로 제작되어 습기 많은 목욕탕에서 누전의 위험이 컸다. 이 문제를 개선하기 위해 부산 사상구에 위치한 삼성기계공업사는 특수 플라스틱으로 만든 제품을 1980년대 후반부터 제작하였다. 그리고 기계에 손잡이와 의자를 설치해 다소 신체가 불편하거나 키가 작아도 손쉽게 때를 밀 수 있도록 하였다. 이러한 안전성과 편의성으로 인해 삼성기계공업사의 기계는 인기를 끌며 전국으로 퍼져나갔다. 지금도 목욕탕에서 현역으로 가동 중인 자동 등밀이 기계의 대부분은 이 회사 제품이다.

삼성기계공업사는 자동 때밀이 기계 외에도 냉탕에 주로 설치하는 물대포·폭포수 기계와 목욕탕 청소기기 등 목욕탕용 특수 기계를 전문적으로 제조·판매하고 있다. 오랜 시간 목욕탕과 함께해 온 업계의 중요한 동반자이다.

목욕 바구니

진정한
목욕탕 고수들의 필수품

단골이 많은 목욕탕인지는 진열된 목욕 바구니만 봐도 알
수 있다. 보통은 탈의실 옷장 위 빈 공간에 빼곡히 올려져
있는데, 여기도 부족해서 복도, 계단이나 별도의 공간에
마련된 철제 선반까지 빼곡하게 놓여져 있는 곳이라면 단
골이 많은 목욕탕이다. 그리고 이 목욕 바구니의 주인들은
대부분 월목욕이나 티켓을 다량 구매해 매일같이 이용하
는 단골들이다.

목욕 바구니는 흔히 여탕의 전유물로 여겨지지만, 요즘
은 남탕도 다르지 않다. 예전에는 남탕에 놓인 작은 서랍
장에 면도기나 칫솔, 때수건 등을 보관하였지만 지금은 남
탕 탈의실도 목욕 바구니가 점령하고 있다.

금화탕

금강온천

보석사우나

목욕 바구니에는 소유자 이름이 적혀 있는 경우도 있으나 대부분은 본인만 알아볼 수 있는 표시나 별명이 쓰여져 있다. 내용물은 샴푸, 린스, 비누, 때수건은 기본이고, 개인 깔개, 헤어팩, 샤워볼, 페이스 스크럽, 면도기, 각질 제거 도구 등으로 알차게 채워져 있다. 고무 부항기가 들어 있는 경우도 있다.

남탕의 경우 목욕 바구니 주인들은 대개 욕실의 샤워 부스 쪽에 자리를 잡고, 목욕 바구니를 그 위에 올려두고 사용한다. 이와는 다른 특이한 사용 방법을 본 곳은 전북 전주시의 행복한세상이라는 목욕탕에서다. 욕실에 들어서는데 제일 먼저 눈에 띄는 것이 목욕 바구니였다. 입구 바로 앞에 열탕이 있는데, 그 열탕의 테두리 위에 목욕 바구니가 줄지어 놓여 있다. 그 위치도 신기했는데 더 신기한 것은 목욕 바구니의 내용물이었다. 남자들의 목욕 바구니임에도 샴푸, 린스, 바디워시 등이 최소 3개 이상 들어 있었고 생소한 제품들도 적지 않았다. 이 바구니들의 주인이 누구일까 눈여겨보았는데 근엄하게 보이는 어르신들이다. '아 어르신들 정말 목욕 애호가이시군요. 목욕 바구니는 창피해서 들고 다니지 못하는 저는 아직 멀었나 봅니다'라고 속으로 생각하며 그분들이 목욕 바구니를 들고 나갈 때마다 존경스러운 눈으로 바라보았다.

  전국 목욕탕 탐방

목욕탕의 역사

그리고
어쩌면 목욕탕의 미래

근대 목욕탕의 시작

시기는 분명하지 않지만 우리나라에 대중목욕탕이 본격적으로 들어온 것은 강화도 조약 이후 조선에 정착한 일본인들을 통해서였다. 일본은 1905년 을사늑약 체결 뒤, 이듬해부터 일본인 거주가 많은 지역과 행정적 거점 도시에 차례로 이사청을 설치하고, 통감의 지시에 따라 대한제국의 지방 행정을 관리·감시하였다. 대부분의 이사청에서는 오늘날의 '공중위생관리법시행규칙'에 해당하는 탕옥취체규칙(湯屋取締規則)을 제정했는데, 이를 통해 1900년대 초 이미 적지 않은 수의 목욕탕이 운영되고 있었음을 짐작할 수 있다.

1920년대 신문 기사에는 경성이나 평양 같은 대도시에서 목욕탕 주인들의 이익 단체인 탕옥조합이 당시 관할 관청이었던 경찰서를 찾아 요금 인상을 요청하였다는 보도가 종종 등장한다. 또 당시의 특이한 직업을 소개한 〈현대진직업전람회現代珍職業展覽會(별건곤 제3호, 1927년 01월)〉란 글에는 '땟국으로 먹고 사는 사람'이라는 소제목 아래, 1920년 중반의 경성에 60여 곳의 목욕탕이 있었는데 이 가운데 조선 사람이 경영하는 것은 5~6곳이고, 나머지 50여 곳은 일본인이 운영하고 있었다는 기록이 실려 있다. 하루

지금은 폐업한
경주시 감포읍 신천탕의 굴뚝

　　　　　　　　　　전국 목욕탕 탐방

평균 이용객이 약 160명에 달했다는 내용도 있어 일제 강점기 한반도에 이미 상당수의 목욕탕이 자리 잡고 있었음을 알 수 있다.

그때 그 시절 목욕탕의 흔적,
1925감포

그렇다면 당시 목욕탕은 어떤 모습이었을까. 지금 그 흔적을 엿볼 수 있는 곳이 경상북도 경주시 감포읍에 있다.

감포는 1925년 1월 16일 개항하였고, 1937년에는 제물포와 함께 읍으로 승격될 만큼 우리나라를 대표하는 어항이었다. 대한제국 말기에 이주해 온 일본인들은 이곳에서 삼치, 멸치, 대구, 전복, 참가자미 등을 잡으며 생계를 이어 갔다. 당시 감포항은 전국의 자금과 사람들이 모여드는 활기찬 항구였으며, 일제 강점기 내내 번창을 거듭했다. 지금도 감포 읍내 거리, 특히 감포제일교회 앞에는 당시 생활상을 보여 주는 일제 강점기 시대의 건물들이 남아 있어 당시의 모습을 간접적으로나마 엿볼 수 있다.

도로변에 길게 이어진 2층 일본식 가옥들 사이에는 뒤쪽 골목으로 이어지는 굴다리 같은 통로가 있다. 그 안으

로 들어서면 양옆으로 적산가옥들이 늘어서 있고, 골목 끝
에는 옛 목욕탕 건물이 자리한다. 지금은 감포항 개항 연
도를 이름에 담은 '1925감포'라는 카페로 바뀌었지만, 원
래는 '신천탕'이라는 목욕탕이었다. 신천탕이라는 이름이
일제 강점기부터 사용된 것인지 아니면 이후 바뀐 것인지
는 확실하지 않다.

1925감포는 약 30여 년간 문을 닫고 있던 옛 신천탕의
모습을 최대한 살리면서 수리하여 일제 강점기 목욕탕의
면모를 지금도 엿볼 수 있는 공간이다. 건축 연대에 대한
명확한 기록은 없지만, 대나무와 흙을 섞어 만든 벽으로
미루어 보아 일제 강점기 당시 지어진 것으로 추정된다.
이 흙벽은 일부를 유리벽 안에 보존해 손님들이 볼 수 있
도록 했으며, 나무 들보와 지금은 보기 드문 형태의 보일
러 배관도 당시의 것으로 보인다.

옛 구조와 물건 역시 카페 공간에 그대로 살려 두었다.
예전에는 바깥을 향해 있었을 목욕탕 네온간판은 방향만
안쪽으로 바꿔 두었고, 오래된 나무 탁자 위에 브라운관
TV가 놓여 있는 매표소 공간도 당시 분위기를 전한다. 남
녀 탈의실에서 사용한 거울과 그 아래의 목조 장식, 그리
고 커다란 번호가 적힌 투박해 보이는 목제 옷장이 옛 모
습 그대로 있다. 좁은 턱과 둥근 모서리를 가진 사각 욕조

                              전국 목욕탕 탐방

는 지금은 거의 찾아보기 어려운 형태다. 특히 욕조 안쪽 단에는 다양한 색과 형태의 작은 타일이 박혀 있어 독특한 아름다움을 보여 준다.

건물 뒤편에는 시멘트 블록을 쌓아 올린 뒤 시멘트로 마감한 굴뚝이 서 있다. 이런 형태의 굴뚝은 드물어 더욱 눈에 띈다. 아래쪽은 마감재가 벗겨져 내부 블록이 드러나 있고, 담쟁이가 굴뚝의 절반 이상을 감싸 올라가 세월의 흔적을 고스란히 보여 준다.

신천탕은 폐업 후 목욕탕 구조를 그대로 살린 리모델링을 하여 카페로 변신했다.

바닷가 머구리들의 삶이
녹아 있는 시간

바닷가에 있는 목욕탕이어서 머구리라 불린 잠수부들의 생명을 구하는 역할도 했다고 전해진다. 물질을 하다 체온이 떨어져 위험에 처한 머구리를 이곳에 데려와 뜨거운 물에 몸을 담가 회복시켰다는 이야기다. 또 남탕과 여탕 사이의 윗벽이 뚫려 있어, 남탕에서 "누구 엄마, 비누 좀 줘!" 하고 부르면 비누가 그 위로 휙 넘어가곤 했다는 추억담도 전해진다. 이 일화는 당시 목욕탕의 풍경을 담은 그림에 표현되어 1925감포의 벽 한쪽에 걸려 있다.

오래된 건물에는 세월이 켜켜이 쌓여 있고, 그 속에는 수많은 사람들의 이야기가 담겨 있다. 벽체와 기둥, 천장, 곳곳의 물건들이 당시의 기억을 전해 준다. 1925감포처럼 옛 목욕탕 건물을 유지하며 새로운 공간으로 탈바꿈한 곳에서는 옛 이야기와 현재의 이야기가 함께 어우러지며 또 다른 서사가 만들어진다.

옛 목욕탕을 새로운 공간으로 활용하는 사례는 곳곳에서 찾아볼 수 있다. 서울 용산구의 '마하 한남', 충북 청주의 '카페 목간', 부산 영도의 '아트센트'는 카페로, 충북 충주의 '메이플라워바베큐', 경남 김해의 '청수탕뒷고기', 경

오래된 목욕탕을 그대로 활용한 청주시 카페 목간의 모습

경북 의성시 안계미술관.
이 건물 역시 목욕탕을 리모델링했다.

남 통영의 '통영맥주', 부산 사하구의 '신선목간구이'는 음식점으로 바뀌었다. 또 경북 의성의 '안계미술관', 전북 군산의 '이당미술관', 경남 남해의 '눈내목욕탕미술관'은 미술관으로 재탄생한 곳으로 가 볼 만한 곳이다.

목욕탕 음료

삼각커피우유,
유년 시절 목욕탕에 관한 강렬한 추억

어릴 적 목욕 후 마신 우유에 대한 추억을 이야기할 때면, 대부분 빙그레의 단지 모양 바나나맛 우유가 등장한다. 내 경우에는 서울우유의 삼각커피우유였다. 이 두 우유는 1974년 같은 해에 태어났다. 7~80년대, 바나나는 비싼 과일이었다. 심한 감기 몸살로 입맛이 없을 때나 제사 때에만 먹을 수 있는 귀한 과일이었다. 그래서인지 바나나맛을 느낄 수 있는 우유는 큰 인기를 끌었고, 다른 우유보다 가격도 조금 더 비쌌다. 그에 비해 '삼각우유'로 불리던 커피포리우유는 가격이 저렴해 상대적으로 부담 없이 고를 수 있었다. 튼튼한 삼각뿔 구조 덕분에 목욕탕에서 장난감처럼 가지고 놀 수 있었으니, 내게는 음료이자 놀이 도구였다.

목욕탕에 갈 때면 먼저 동네 슈퍼에 들러 삼각커피우유를 하나 샀다. 그리고 그 시원함을 유지하기 위해 찬물이 가득 담긴 바가지에 넣어 욕실의 한 켠에 두었다. 때를 다 밀 무렵이면 슬슬 목이 마르기 시작하는데, 그때가 우유를 마시기 가장 좋은 순간이다.

이 삼각우유를 마시기 위해서는 빨대를 단 한 번에 우유 용기에 정확하게 꽂아야 한다. 하지만 요령이 없었는지 힘이 없었는지 매번 빨대가 구부러지거나, 구멍 대신 단면에 상처만 내어 내용물이 새었다. 조금 찢어진 틈에 입을 대고 빨아 먹어도 보았지만 입 밖으로 새는 게 더 많아 속상했던 기억이 있다. 빨대를 한 번에 꽂아 내는 형들의 손놀림이 마치 종이로 나무를 베는 영화 속의 무술 고수처럼 보여 부럽기도 했다. 어릴 적 목욕탕 하면 가장 먼저 떠오르는 장면이다. 언제부터 바나나맛 우유가 목욕탕을 대표하는 음료로 자리잡았는지는 모르겠다. 하지만 내게는 이 삼각커피우유가 어릴 적 추억의 목욕탕 음료다.

1990년대 이후 찜질방이 등장하면서 얼음을 가득 담은 플라스틱 물병에 커피 분말을 풀어 만든 아이스 커피나 식혜, 매실차 등을 담아 팔기 시작했다. 이런 음료들이 일반 대중목욕탕의 여탕에도 퍼지며 '여탕벅스(여탕 + 스타벅스)'와 '목욕탕 바리스타'라는 신조어도 생겼다. 여탕 한 켠에서는 커피 이모가 주문받은 음료를 욕객에게 건네주고, 뜨거운 탕 속에서 얼음이 꽉 찬 음료를 빨대로 마시며 그 뜨거움을 견디는 욕객들의 풍경이 낯설지 않다고 한다.

이처럼 목욕탕에서는 음료를 마시는 방식도 점차 다양해졌고, 사람들 사이에서 공유되는 독특한 조합도 생겨났다. 그중 하나가 바로 '박사'다. 박카스와 사이다를 섞어 만든 음료로, 사이다의 청량감과 박카스의 피로 회복 효과를 동시에 누릴 수 있어서 인기가 많다. 일본에도 비슷한 음료가 있다. '오로포(オロポ)'라 불리며, 박카스와 비슷한 오로나민C에 포카리스웨트를 섞는다. 목욕 후 수분을 보충하기에 이만큼 잘 어울리는 조합도 드물다.

박사와 삶은 달걀을 같이 먹으면 갈증과 출출함이 한번에 해결된다.

목욕탕 굴뚝

동네의 이정표 역할을 하던
목욕탕의 상징

도심의 복작거림에서 조금 비켜난 골목들에는 아직 아기자기한 동네의 풍경이 남아 있다. 그런 골목에서 만나는 목욕탕 굴뚝은 마치 '우리 동네에 온 걸 환영해요'라고 손을 들어 반기는 듯이 보이기도 하고, '여기에 목욕탕이 있어요'라며 조용히 존재를 알리는 듯 보이기도 한다. 높은 건물이 별로 없던 시절, 동네마다 하나쯤은 있던 목욕탕의 높은 굴뚝은 쉽게 눈에 띄는 이정표 역할도 했다. 지금은 오래된 목욕탕의 상징 같은 존재로 남아 있다.

수도권 출신으로 목욕탕에 관심이 있는 이들이 부산을 비롯한 경상권의 목욕탕을 방문할 때 제일 놀라는 것이 높은 원형의 굴뚝이다. 비교적 낮은 붉은 벽돌의 네모난 굴뚝만 보다가, 2~30미터는 족히 되어 보이는 가느다란 원형 굴뚝이 파란색과 흰색의 테이프를 감은 듯한 모습으로 하늘 높이 솟아 있는 모습을 보면 그럴 만도 할 것 같다. 반대로 경상권 사람들 역시 수도권의 목욕탕 굴뚝을 보면 그 낮은 높이와 재질에 어색함이 섞인 신기함을 느낀다.

이처럼 목욕탕 굴뚝은 크게 벽돌의 사각형 굴뚝과 콘크리트의 높은 원형 굴뚝으로 나눌 수 있다. 후자는 경상권에서 볼 수 있고, 그 이외의 지역에서는 대부분 벽돌 사각 굴뚝이다. 또한, 드물지만 일본의 대중목욕탕처럼 철제 원형의 굴뚝을 설치한 목욕탕도 있다.

왜 경상권만 2~30미터의 높디 높은 원형 굴뚝이 있을까? 경상권은 아니지만 부산 목욕탕 굴뚝의 높이에 대해서는 지형적 특성으로 설명하는 이가 많다. 산기슭에 형성된 주거지가 많은 부산은 이른바 산복(山腹)도시다. 지대가 낮은 곳에 자리한 목욕탕에서 연기를 내보낼 경우, 바로 위쪽 산기슭 주거지에 매연이 닿게 되니 굴뚝을 높게 올릴 수밖에 없었을 것이라는 설명이다.

그런데 이 설명만으로는 부족하다. 부산뿐 아니라 경남의 창원, 통영, 남해에서 경북의 영덕까지 산복도시가 아닌 지역에도 2~30미터의 굴뚝을 어렵지 않게 볼 수 있기 때문이다. 굴뚝의 높이와 재질은 단순히 지형만이 아니라,

당시의 기술적 기준이나 난방 방식, 지자체별 행정 규제 등 여러 요소가 복합적으로 작용한 결과일 가능성이 크다. 지금은 알 수 없는 다양한 이유들이 지역마다 저마다의 굴뚝 풍경을 만들어 낸 셈이다.

벽돌로 만든 사각 굴뚝은 대부분 색감과 형태가 비슷해 개성이 도드라지는 경우가 드물다. 이에 반해 콘크리트 원형 굴뚝은 전형적인 파란색과 흰색 조합 외에도 다양한 색상으로 꾸며 저마다의 개성을 드러내는 굴뚝도 제법 있다. 부산 영도구, 경남의 창원, 통영 등은 아직도 높은 원형 목욕탕 굴뚝이 많이 남아 있는 지역이다. 다양한 표정의 목욕탕 굴뚝이 있는 이 지역을 방문할 때마다 목욕탕 애호가인 내 가슴은 뛴다. 정말 목욕탕 굴뚝이 손을 흔들며 나를 반기는 것 같다.

카페나 식당으로 바뀐 옛 목욕탕 건물들 가운데에는 굴뚝을 그대로 남겨 두는 곳도 있다. 새로 들어선 가게의 이름을 굴뚝에 적어 간판처럼 활용하기도 하지만, 그보다 더 눈길을 끄는 건 그 굴뚝이 이 건물의 과거를 말없이 전하고 있다는 점이다. 지금은 커피 향이 흐르는 공간이지만, 한때 이곳이 뜨거운 김이 피어오르던 목욕탕이었음을 굴뚝 하나가 조용히 말해 준다.

(강원 고성) 거진동아목욕탕

(경남 남해) 옥천탕

(경남 사천) 금성탕

(경남 사천) 도원탕

(경남 사천) 보성탕

(경남 사천) 우리해수탕모텔

(경남 사천) 중앙탕

(경남 산청) 영남탕

(경남 진례) 진례탕

(경남 창원) 부일탕

(경남 창원) 수성탕

(경남 창원) 신정탕

(경남 통영) 라온사우나

(경남 통영) 태평탕여관

(경남 통영) 토성목욕탕

(경남 통영) 대성탕

(경남 함양) 덕일탕

(경북 영덕) 제일목욕탕

(충남 공주) 웅진목욕탕

(서울 마포) 수삼탕

(부산 영도) 금화탕

(부산 사하) 신평탕

(부산 사하) 백남탕

(부산 서구) 동아탕

언제나 그 자리에 있기를
바라는 마음

명절이면 북적이던
동네 목욕탕

설날이나 추석 같은 명절이 다가오면 선물과 제수상에 오를 과일, 생선, 떡 등의 수요가 늘어나면서 자연스레 '명절 대목'이라는 말을 자주 듣게 된다. 전통적으로 명절 특수를 톡톡히 누리던 업종 중 대표적인 것이 목욕탕업이다. 아파트가 흔치 않던 시절, 차례를 지내기 전에 몸을 정갈히 하기 위해 대부분의 가정이 이른 아침부터 목욕탕을 찾았다. 연휴 막바지에는 파김치가 된 며느리들이 노곤함과 스트레스를 풀기 위해 목욕탕을 찾았다. 당시엔 몰려드는 손님이 너무 많아 입구에서 줄을 서거나 바가지나 옷장이 모자랐다는, 지금은 믿기 어려운 이야기도 전해진다. 명절의 목욕탕은 그만큼 활기차고 북적였다.

명절 아침,
여전히 영업하는 목욕탕

이제는 명절에 차례를 지내는 집이 줄고, 대신 여행이나 나들이를 떠나는 이들이 늘었다. 매일 샤워하는 시대라 굳이 명절 아침에 목욕탕을 찾을 이유도 없어지면서 자연스레 명절 대목이라는 풍경도 옛이야기가 되었다. 그럼에도 여전히 명절 당일 아침에 문을 여는 목욕탕들이 있다. 그리고 그곳을 찾는 사람들도 있다. 나 역시 그중 하나다.

평소 한산하던 욕실이 이 날만큼은 오랜만에 사람들로 북적인다. 물론 예전만큼은 아니다. 대부분 나이 지긋한 어르신들이었고, 젊은 얼굴은 드물다. 그래도 한켠에는 여전히 삼성기계공업사에서 만든 등밀이 기계가 제 역할을 다하고 있고, 물 폭포 아래에서 시원하게 물살을 맞는 어르신들의 모습도 볼 수 있다. 작고 아담한 바가지탕 옆에 앉아 서로 등을 밀어주는 사람들의 모습도 여전히 정겹다.

목욕을 마치고 나올 무렵, 유치원생쯤 되어 보이는 아이가 아빠 손을 잡고 할아버지와 함께 욕실로 들어가는 모습이 눈에 들어왔다. 초롱초롱한 눈빛과 작은 손이 어찌나 귀엽던지, 괜스레 마음이 따뜻해졌다. 이 아이가 이곳에서 좋은 기억을 남기고, 훗날 그 아이의 아이와 함께 목욕을 즐길 수 있는 날이 오길. 그리고 그때까지 이 목욕탕이 여전히 남아 있길 바라는 마음으로 욕실 문을 나섰다.

언제까지나 이곳을
지켜 주기를

이런 장면을 마주할 때마다 사라져 가는 이 공간을 기록해야겠다는 생각이 다시금 단단해진다. 오래된 목욕탕에는 세월이 남긴 흔적이 고스란히 남아 있다. 그것은 낡음이 아니라, 오랜 기간 같은 자리에 머물며 축적된 시간의 기록에 가깝다. 옛 모습 그대로 운영되는 목욕탕을 찾아나서는 일은 단순한 탐방이라기보다 지나온 시간을 더듬는 일이다. 지금까지 200여 곳에 가까운 목욕탕을 다니며 사진을 찍고, 그 풍경을 기록해 왔다. 이 책에는 그 가운데 일부의 흔적만을 골라 담았다.

이 기록이 잊고 지냈던 일상의 풍경을 떠올리게 하는 작은 계기가 되기를 바란다. 그리고 오늘도 따뜻한 물과 함께 사람들의 마음을 데우는 목욕탕 주인장들에게, 조용히 응원의 마음을 전한다. 이 책이 그분들에게 작은 응원가가 되었으면 한다.

오랜 세월 동안 자리를 지켜 온 동네 목욕탕들은 명절이 가까워지면 입구에 "이번 설은 오전 5시부터 10시까지 영업합니다" 같은 안내문을 붙여 둔다. 그 문구를 볼 때마다 나로서는 주인장께 감사 인사를 전하고 싶은 마음이 절로 든다. 아직까지 목욕탕을 운영해 줘서 고맙다고, 명절 아침에도 영업을 해 줘서 고맙다고. 내년에도 그다음 해에도 잘 부탁드린다고 전하고 싶다.

전국 목욕탕 탐방

초판 1쇄 발행 2026년 2월 3일
초판 2쇄 발행 2026년 3월 3일

지은이 김성진

펴낸이 金昇芝
편집 장정민
디자인 studio forb

펴낸곳 베르단디
전화 070-4062-1908
팩스 02-6280-1908
주소 경기도 파주시 경의로 1114 에펠타워 406호
출판등록 제2018-000343호
이메일 bluemoose_editor@naver.com
인스타그램 @verdandi_books

ISBN 979-11-93407-47-9 (06980)

※ 이 도서는 2025년 문화체육관광부의 '중소출판사 성장부문 제작지원' 사업의 지원을 받아
   제작되었습니다.

베르단디
VERDANDI

현재의 운명을 주관하는 여신이라는 뜻의 베르단디는
블루무스 출판사의 인문·에세이 브랜드입니다.